Tim Ruster

KÖNNEN WIR AUF GRAVITATIONSWELLEN SURFEN?

Tim Ruster

KÖNNEN WIR AUF GRAVITATIONSWELLEN SURFEN?

Ein Reiseführer durch Raum und Zeit

KOMPLETTMEDIA

Originalausgabe
1. Auflage 2021
Verlag Komplett-Media GmbH
2021, München
www.komplett-media.de
ISBN: 978-3-8312-0578-3
Auch als E-Book erhältlich
Lektorat: Redaktionsbüro Diana Napolitano, Augsburg
Korrektorat: Alexander Eß, Berlin
Umschlaggestaltung: FAVORITBUERO, München
Satz und Layout: Buch-Werkstadt GmbH, Bad Aibling
Druck & Bindung: Styria

Gedruckt in der EU

>>THE STARS WILL NEVER BE WON BY LITTLE MINDS;
WE MUST BE BIG AS SPACE ITSELF.<<
— Robert A. Heinlein

>>DIE STERNE WERDEN NIEMALS VON
KLEINGEISTERN EROBERT WERDEN; WIR MÜSSEN
GROSS SEIN WIE DER WELTRAUM SELBST.<<

INHALTSVERZEICHNIS

EINIGE HINWEISE VOR BEGINN IHRES GALAKTISCHEN URLAUBS!

Eine Weltreise! Früher war das noch etwas Besonderes. Durch die antiken Gassen von Florenz flanieren, den Sonnenuntergang auf Bali bewundern und sich die raue Wildnis in Alaska ansehen. Doch seien wir mal ehrlich: Mittlerweile gibt es keinen Ort mehr auf diesem Planeten, der nicht schon längst touristisch erschlossen ist, der nicht schon vor Jahren von Klassenkameraden für Work & Travel entdeckt wurde oder als Pilgerweg für Midlife-Crisis-Auszeiten herhalten muss. Es fühlt sich fast so an, als wären alle Abenteuer dieser Erde bereits von irgendwem anders durchlebt worden. Vielleicht sind wir also einfach zu spät geboren, um unsere Erde noch mit den Augen eines Entdeckers bereisen zu können ...

... doch glücklicherweise leben wir genau zur richtigen Zeit, um unseren Planeten zu verlassen und aufregende Abenteuer in den Weiten des Alls zu suchen! Weshalb sollte man sich auch mit einem Planeten begnügen, wenn allein in unserer Galaxis mehrere Milliarden Planeten auf uns

warten? Gemeinsam werden wir auf den folgenden Seiten etwas noch viel Epischeres als eine Weltreise antreten: Eine Weltallreise! Da eine solche Reise wesentlich umfangreicher ist als der letzte Familienurlaub nach Mallorca und zudem auch einige Gefahren birgt, dient dieses Buch als zuverlässiger Reiseführer, um den Überblick zwischen all den Planeten, Asteroiden und Galaxien zu bewahren. Die ersten Kapitel widmen sich unserer kosmischen Heimat, dem Sonnensystem. Für die Fernreiseenthusiasten wird es in den darauffolgenden Kapiteln interessant, die Reisetipps für unsere Milchstraße und fremde Galaxien enthalten. Ein kleiner Unterschied zum jährlichen Mallorcaurlaub sei auch schon an dieser Stelle genannt: Reisen durch den Weltraum bieten den Vorteil, dass sie sogar durch die Zeit stattfinden! Alle Zeitreisebackpacker finden daher in den letzten Kapiteln dieses Buches praktische Empfehlungen für individualtouristische Urlaubsreisen zum Urknall und – für die risikofreudigen Reisenden – sorgsam ausgewählte

8

Tipps für einen Urlaub kurz vor dem Ende des Universums. Obwohl der Weltraum touristisch noch wenig erschlossen ist, wächst die Community der Weltallreisenden langsam aber sicher. Von einigen Orten auf dem Mars, wie dem Basislager am Olympus Mons, wird sogar schon von Überfüllung und Vermüllung berichtet. Dieser Reiseführer enthält daher extra gekennzeichnete Geheimtipps, damit Sie die zahlreichen noch unberührten Kleinode zwischen all den Sternsystemen finden und genießen können. Bekanntere Orte, denen man unbedingt einen Besuch aus der Nähe abstatten sollte, wie etwa das Schwarze Loch im Zentrum unserer Galaxis, sind mit dem Hinweis »nicht verpassen« gekennzeichnet.

Mit diesem Reiseführer entgehen Sie also dem Schicksal aus dem bekannten Sprichwort, den Kosmos vor lauter Sternen nicht mehr sehen zu können. Ich wünsche Ihnen viel Spaß bei Ihrer Reise durch Raum und Zeit!

10

REISEZIELE
IM WELTRAUM

Den Weltraum könnte man wie folgt mit einem einzigen Wort beschreiben: groß! Da ist es gar nicht so einfach, das richtige Reiseziel auszuwählen. Ein Wochenendausflug zu den staubigen Kratern des Mondes, eine Besichtigung neugeborener Babysterne in den Gasnebeln der Galaxis oder eine Schwerkraftkur am Rande eines gefräßigen Schwarzen Lochs – das sind nur einige der möglichen Ziele, die Weltraumreisende in den fast unendlichen Weiten des Universums ansteuern können. Auf den folgenden Seiten finden Sie Beschreibungen aller sehenswerten kosmischen Urlaubsorte, detaillierte Karten und galaktische Insidertipps!

Top 14 des Weltraums

01 Supermassive Schwarze Löcher

Obwohl der Weltraum prall gefüllt ist mit faszinie-renden Objekten und Phänomenen, üben sie mit Abstand die anziehendste Wirkung aus: super-massive Schwarze Löcher. Der Anblick eines sol-chen gravitativen Schlunds, der Masse und Licht verschluckt, ist einfach unvergesslich. Prakti-scherweise befindet sich im Zentrum fast jeder Galaxie ein supermassives Schwarzes Loch, so-dass Sie in fast jedem kosmischen Urlaubsort die Möglichkeit haben, einen Ausflug zu einem die-ser Monster zu unternehmen. → Seite 61

02 Die Gasplaneten

Die Gasplaneten Jupiter, Saturn, Uranus und Neptun sind im kosmischen Maßstab ganz nah an uns dran und gehören zu den beliebtesten Himmelskörpern überhaupt. Wer den Weltraum bereist, sollte sich unbedingt den Kindheits-traum erfüllen, einmal die Ringe des Saturns oder die gewaltigen Stürme des Jupiters zu sehen. Auch die beiden bläulichen Eisriesen Uranus und Neptun erfreuen sich immer größe-rer Beliebtheit und gehören zu jedem Gasplane-tentrip dazu. → Seite 39

03 IC 1101

Für eine galaktische Reiseerfahrung ist ein Besuch in der größten Galaxie des Kosmos unerlässlich. IC 1101 sorgt dafür, dass sich jeder Tourist angesichts der ungeahnten Menge von Sternen und Nebeln ganz klein fühlt und sogleich in Staunen ausbricht, wenn er erlebt, wie sich die Riesengalaxie in grausamer Weise kleinere Zwerggalaxien einverleibt. → Seite 79

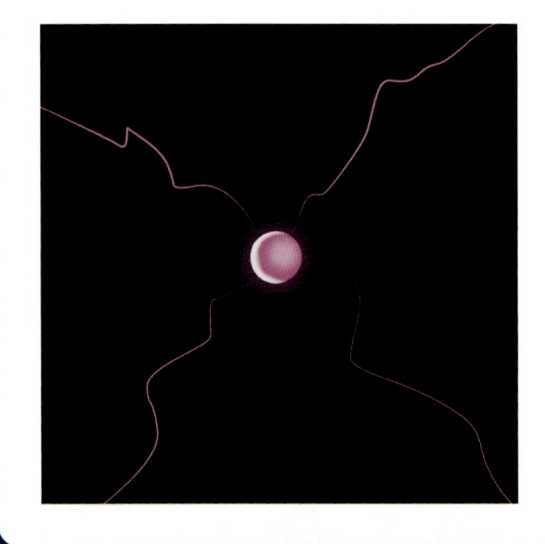

04 Der Urknall

Wo soll man bei einer Weltraumreise bloß anfangen? Am besten am Anfang! Mit einem Urlaub beim Urknall machen Sie definitiv nichts falsch und gehen den Dingen mal richtig auf den Grund. Vor allem für astrophysikalisch interessierte Reisende bietet ein solcher Urlaub viele Einblicke in kuriose quantenmechanische Vorgänge. → Seite 86

05 Orionnebel

Die Entstehung neuer Sterne lässt sich nirgendwo so gut beobachten wie im Orionnebel! Dieser Nebel, der sich sogar mit bloßem Auge von der Erde beobachten lässt, ist der perfekte Reiseort für Menschen, die gern von Stars und Sternchen umgeben sind. Davon gibt es in dieser bekannten Molekülwolke nämlich jede Menge. Und auch der Hauptstern Theta1 Orionis C1 hat es in sich … → Seite 57

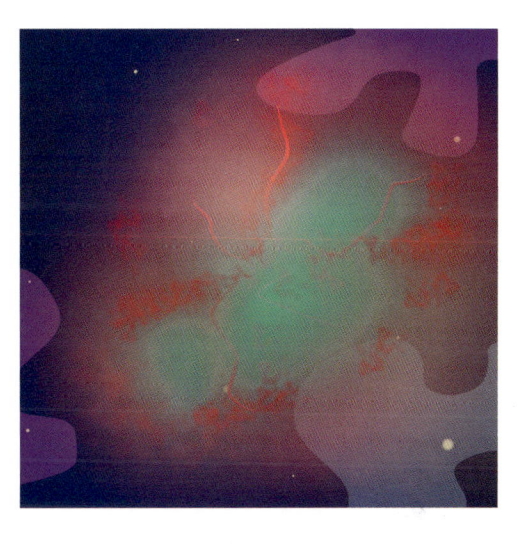

06 Weiße Löcher

Schwarzes Loch kann ja jeder! Experimentierfreudige Urlauber begeben sich auf den wilden Ritt durch ein Weißes Loch. Für jeden Weltraumurlauber, der nicht nur durch den Raum reisen möchte, sondern sich auch innerhalb der Zeit bewegen möchte, ist ein Flug durch ein Weißes Loch unerlässlich. Wo und vor allem wann wird das Weiße Loch Sie ausspucken? Dieser Überraschungseffekt macht für viele erst den Reiz des Ganzen aus! → Seite 90

07 UY Scuti

Wenn Sie nur einen Stern in der Milchstraße besichtigen, dann sollte es UY Scuti sein. Dieser Gigant gilt gemeinhin als der größte bekannte Stern und besitzt einen Radius, der den der Sonne um das 1700-Fache übersteigt. Doch wählen Sie Ihre Reisezeit mit Bedacht: Es besteht akute Supernova-Gefahr! → Seite 61

08 Doppelsterne

Schätzungen zufolge befinden sich im Zentrum von fast der Hälfte aller Sternsysteme mindestens zwei Sonnen! Es ist ein unglaublich beeindruckendes Erlebnis, ein solches Doppelsternsystem zu bereisen und sich in dem stellaren Tanz zweier Sonnen zu verlieren. Ein besonders gut erreichbarer Doppelstern ist das nur 8,6 Lichtjahre entfernte Sirius-System. → Seite 53

09 Apollo-Fundstücke auf dem Mond

So nah an unserer Erde und doch eines der absoluten Highlights des gesamten Kosmos: unser Mond. Besonders für Urlauber, die die erste Mondlandung 1969 vor dem Fernseher mitverfolgt haben, ist die Besichtigung der Apollo-Landestellen auf unserem Trabanten ein gleichsam beeindruckendes wie emotionales Erlebnis. Bei bislang sechs bemannten Mondlandungen haben Sie ordentlich was zu besichtigen! → Seite 28

10 Schwarze Zwerge

Schwarze Zwerge gehören zu den unbekannteren Himmelskörpern und erfordern eine immens lange Anreise, sind aber definitiv einen Besuch wert. Wer es schafft, in die weit entfernte Zukunft kurz vor dem Ende des Universums zu gelangen, kann dieses Endstadium eines gestorbenen Zwerges bewundern – und ab und an sogar eine der sehr seltenen Schwarze-Zwerge-Supernovae! → Seite 109

DIE TOP 14

11 Exoplaneten

Wer den Weltraum bereist und nicht auf einem einzigen Exoplaneten Station gemacht hat, hat den Kosmos eigentlich gar nicht richtig gesehen. Die Vielfalt an Exoplaneten ist nahezu unendlich und kann daher kaum beschrieben, sondern nur erlebt werden. Verschneite Frostplaneten, heiße Lavawelten, grüne Gasplaneten – selbst Planeten aus purem Gold sind physikalisch nicht völlig unmöglich! Der Fantasie sind also keine Grenzen gesetzt. → Seite 49

12 Klippenspringen auf Miranda

Ein besonders lohnenswertes Reiseziel in unserem Sonnensystem ist der Uranus-Mond Miranda, der Urlaubern neben spektakulären Ausblicken auf den bläulich schimmernden Gasplaneten die beeindruckendsten Steilklippen in unserer planetaren Nachbarschaft bietet! Aufgrund der niedrigen Schwerkraft können nicht nur geübte Extremsportler den Sprung von diesen Klippen wagen! → Seite 39

13 Die Magellanschen Wolken

Der erste Schritt aus unserer Milchstraße heraus führt Reisende oft in die Magellanschen Wolken. Und das mit gutem Grund! In diesen beiden Zwerggalaxien lassen sich alle Eigenheiten von Galaxien auf kleinem Raum bewundern – und der Ausblick auf die Milchstraße, unsere kosmische Heimat, ist absolut atemberaubend.
→ Seite 69

14 Pluto

Der kleine Zwergplanet ist allein wegen seiner traurigen Geschichte und seiner großen Popularität ein Highlight jeder Weltraumreise. Nachdem Pluto im Jahr 2006 seinen Planetenstatus verlor, statten viele Weltraumtouristen ihm nun einen Besuch ab, um gegen die oftmals als gemein empfundene Entscheidung zu protestieren. Ziehen Sie Ihr »Pluto is a Planet!«-Shirt an, und stürzen Sie sich ins zwergplanetige Getümmel! → Seite 41

UNSERE KOSMISCHE HEIMAT:

DAS SONNENSYSTEM

Ein Sonnenaufgang auf dem Merkur ist ein absolut unvergessliches Erlebnis!

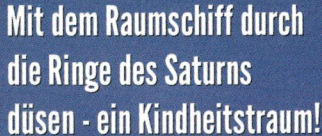

Mit dem Raumschiff durch
die Ringe des Saturns
düsen - ein Kindheitstraum!

Die Salzseen des Ceres sind
das Highlight im Asteroidengürtels hinter dem Mars.

Klein aber oho! Der Zwergplanet Pluto hat aufregende
Landschaften zu bieten.

Unser Sonnensystem – obwohl es von vielen erfahrenen Weltallreisenden mittlerweile etwas spöttisch als »wenig aufregend« und als »Urlaubsort für Familien mit kleinen Kindern« bezeichnet wird, ist es doch der zwangsläufige Ausgangspunkt für jede Urlaubsreise in den Kosmos. Es ist aber zweifelsohne noch viel mehr als das. Man würde unserem Sonnensystem Unrecht tun, wenn man es lediglich als beschauliche Heimat in einem ansonsten aufregenden Meer von kosmischen Aktivitäten sehen würde. Schließlich beheimatet unser Sonnensystem trotz seiner relativ guten Erschlossenheit einige der spektakulärsten Touristenattraktionen der Galaxis: Jedes Kind träumt doch davon, die gigantischen Staubringe des Saturns einmal aus der Nähe zu betrachten. Ein Urlaub auf den Monden des Uranus ist ein wahrhaft außerirdisches Après-Ski-Vergnügen. Und mit den höllisch anmutenden Schwefelsäureunwettern und Vulkanausbrüchen auf der Venus bietet unser Sonnensystem sogar Reisepotenzial für erfahrene und risikofreudige Weltraumtouristen.

Außerdem ist für jede klimatische Vorliebe was dabei: Sonnenanbeter schätzen die wohlig warmen Temperaturen auf den inneren Planeten Merkur und Venus. Schneeabenteuer erleben Reisende auf den Eismonden der Gasplaneten – die Eisvulkane auf Enceladus und Europa sind in den letzten Jahren schon zum beliebtesten Postermotiv irdischer Reisebüros avanciert. Wer es ausgeglichen und nicht allzu extrem mag, erkundet unseren roten Nachbarplaneten Mars.

Selbst erfahrene Weltraum-Reisende gestehen unserem Sonnensystem ein Alleinstellungsmerkmal zu: Für Weltallreisen mit historischem Fokus ist es DIE Urlaubsdestination schlechthin. Nur wenige Besucher bleiben emotional unbeeindruckt nach einem Tagestrip zu den Fußspuren der Apollo-Astronauten auf dem Mond. Auch eine Besichtigung der ausgedienten Mars-Rover Curiosity und Opportunity ist ein absolutes Muss für jeden Sonnensystemtouristen. In den letzten Jahren erfreut sich außerdem eine noch relativ neue Aktivität mit dem Namen »Sonden-Caching« immer größerer Beliebtheit, bei der Abenteuerurlauber versuchen, die Spur bekannter Raumsonden wie etwa Voyager 1 und Voyager 2 aufzunehmen.

Unser Sonnensystem ist also ein absoluter Alleskönner und in seinem Potenzial für einen spaßigen und aufregenden Urlaub nach wie vor unübertroffen. Egal ob Mountainbiken auf dem Merkur, Tauchen auf dem Titan oder Picknicken auf dem Pluto – in diesem Kapitel finden Sie alles für Ihre Traumreise durch unsere kosmische Heimat!

01

DIE INNEREN PLANETEN: DER SONNE GANZ NAH

Sonnenbeobachtung auf dem Merkur

Ein absoluter beeindruckender Anblick erwartet Reisende auf dem Planeten Merkur. In ihrem vollen Glanz füllt unsere Sonne dort tagsüber den Horizont aus, denn der Merkur ist im Durchschnitt nur 58 Millionen Kilometer von unserem Heimatstern entfernt und ist damit der sonnennächste Planet. Unsere Sonne aus dieser Nähe zu betrachten wurde bereits von vielen Reisenden als eines der berührendsten Erlebnisse ihres Lebens bezeichnet, und viele Reiseagenturen vermarkten die Ausflüge zum Merkur schon als die »Sternstunde ihrer Urlaubsreise«. Kein Wunder: Aus dieser Nähe wird die gewaltige Kraft spürbar, mit der unsere Sonne Energie, Hitze und Licht erzeugt und dadurch schließlich erst unsere eigene Existenz ermöglicht. Pro Sekunde fusioniert unser Stern 600 Millionen Tonnen Wasserstoff und verwandelt sie in 596 Millionen Tonnen Helium. Dieses gigantische Ausmaß der stellaren Energieerzeugung wird für uns Menschen wohl immer unvorstellbar bleiben, doch eine Reise zum Merkur kann die eigene Vorstellung der Sonne doch noch mal in ein anderes Licht rücken. Apropos Licht: Merkurreisende sollten beim Packen unbedingt daran denken, die richtige Kleidung für die extremen Bedingungen vor Ort mitzunehmen. Tagsüber kann es bis zu 427 Grad heiß werden, und auch die Intensität des Sonnenlichts erreicht bisweilen unangenehme Ausmaße – Sonnenbrille unbedingt empfohlen!

Unbedarfte Merkurreisende zeigen sich oftmals überrascht, sobald die Nacht auf dem Planeten anbricht. Während der Nachtstunden können kühle Temperaturen von bis zu minus 176 Grad erreicht werden. Vor allem Camping-Freunde und Backpacker, die nur mit einem Zelt unterwegs sind, sollten daher unbedingt Vorkehrungen für die eisigen Nächte treffen. Zu den extremen Temperaturunterschieden kommt es, da der Merkur nur eine verschwindend dünne Atmosphäre besitzt. Ohne eine solche gasförmige Schutzhülle kann ein Planet keine Wärme speichern, sodass es trotz hoher Temperaturen am Tag in der Nacht

umgehend abkühlt. Auf der Erde ist die Atmosphäre also immens wichtig für den Fortbestand des Lebens, auf dem Merkur führt die fehlende Atmosphäre hingegen zu extrem vielseitigen Reisebedingungen, da es im wahrsten Sinne des Wortes zwei Welten zu entdecken gibt: Den feurigen lichtüberfluteten Merkur tagsüber und den in Dunkel getauchten, frostigen Merkur während der Nacht.

Neben der Hauptattraktion der Sonnenbeobachtung gibt es auf dem Merkur noch einen weiteren Touristen-Hotspot: das Caloris-Becken. Mit einem Durchmesser von rund 1550 Kilometern ist es der größte Krater auf dem Planeten und ein beeindruckendes natürliches Mahnmal für die zerstörerische Kraft von Asteroideneinschlägen. Der Boden des Caloris-Beckens füllte sich nach dem lange zurückliegenden Einschlag mit Magma aus dem Inneren des Merkur, sodass Wanderer heute eine interessante vulkanische Bodenstruktur vorfinden. Wem eine Wanderung durch das Becken zu langwierig ist, kann alternativ auf die umliegende Gebirgskette der Caloris Montes ausweichen. Diese sanften Hügel befinden sich am nordöstlichen Rand des Caloris-Beckens und erreichen lediglich eine Gipfelhöhe von 1 bis 2 Kilometern – sie eignen sich daher perfekt für entspannte Wandertouren mit wenigen Höhenmetern und einem atemberaubenden Ausblick auf das Caloris-Becken.

Auf Wolken schweben: Ferien auf der Venus

Unser Nachbarplanet Venus wurde von den Weltraumtourismusanbietern lange verschmäht. Zu schlecht war das Image des Planeten, der immerhin den Spitznamen »Höllenplanet« trägt – und das nicht ganz zu Unrecht: Auf der Oberfläche der Venus mit ihren 465 Grad kommen selbst hitzeerfahrene Reisende ins Schwitzen. Auch nachts wird es nicht kühler, da die Venus über eine äußerst dichte Atmosphäre verfügt. Hinzu kommen weitere Aspekte der Venusgeologie, die von vielen Touristen als unangenehm empfunden werden: Mindestens 37 aktive Vulkane sind über die Planetenoberfläche verteilt. Das gesamte Terrain wirkt lebensfeindlich und ist geprägt von erstarrten Lavaflüssen. Aus den dichten Venuswolken regnet es oft – allerdings kein Wasser, sondern Schwefelsäure. Versuche aus der Anfangsphase des Venustourismus, diesen Säureregen als Attraktion zu vermarkten, können als gescheitert betrachtet werden und wurden von einigen Besuchern sogar als »ätzend« bezeichnet.

Findigen Reiseanbietern ist es zu verdanken, dass die Venus heutzutage trotz dieser widrigen Umstände als beliebter Urlaubsort gilt. Denn die touristischen Aktivitäten auf unserem Nachbarplaneten finden nicht mehr auf seiner Oberfläche statt, sondern weit oben in den Wolken. In einer Höhe von 100 Kilometern über der Planetenoberfläche finden Reisende angenehme Temperatu-

25

ren von um die 30 Grad vor und können in einem der zahlreichen schwebenden Wolkenhotels den Ausblick auf die höllische Oberfläche genießen. Ökologisch interessierte Reisende können sich einem der zahlreichen SETI-Projekte auf der Venus anschließen. SETI steht für »Suche nach extraterrestrischer Intelligenz« und erfreut sich auf der Venus besonders großer Beliebtheit, da außerirdische Lebensformen in der Venusatmosphäre grundsätzlich für möglich gehalten werden. Seit im Jahr 2019 ein Forschungsteam der Universität Cardiff verkündete, in der Venusatmosphäre eine ungewöhnlich hohe Menge der auf der Erde meist biologisch entstehenden Substanz Phosphan entdeckt zu haben, ist ein wahrer Wettlauf um den Beweis für Leben auf der Venus entbrannt. Wer also nicht den ganzen Tag im Hotel verbringen möchte, kann sich an den überall angebotenen biochemischen Analysen der Venusatmosphäre beteiligen und vielleicht als Entdecker von außerirdischem Leben in die Geschichtsbücher eingehen.

Obwohl ein dauerhafter Aufenthalt auf der Oberfläche der Venus nicht empfohlen wird, gibt es Extremsportanbieter, die Tagestouren zu den bekanntesten Naturschauplätzen des Planeten anbieten. Empfehlenswert ist der Aufstieg zum Maat Mons, dem höchsten Berg und Vulkan der Venus. Mit einer Gipfelhöhe von rund 8 Kilometern liegt ein Vergleich zum irdischen Mount Everest nahe – Reisende sollten allerdings einplanen, dass die Temperaturen rund 400 Grad höher sind und der Maat Mons noch aktiv ist, also jederzeit ausbrechen könnte. Sprechen Sie Ihren Touranbieter unbedingt darauf an, ob er für diese Risiken vorgesorgt hat!

GEHEIMTIPP

Im Rahmen des Venera-Programms schickte die Sowjetunion in der Zeit von 1961 bis 1983 mehrere Sonden zur Venus, wovon einige sogar Landegeräte zur Oberfläche mitführten. Venusbesucher, die sich für die Geschichte der Raumfahrt interessieren, können im Rahmen einer Tagestour diese sowjetischen Landegeräte besichtigen. Besonders interessant sind die Überreste von Venera 9, die im Jahr 1975 erstmals Bilder von der Venusoberfläche und damit erstmals direkte Bilder von der Oberfläche eines anderen Planeten überhaupt zur Erde sendete. Aber Achtung: Die extremen Bedingungen der Venus haben deutliche Spuren an den Gerätschaften hinterlassen, sodass nicht mehr allzu viele Details erkennbar sind.

So nah und doch so fern:
Ein Wochenendausflug zum Mond

Unser Mond ist eine Art Schnuppervariante für Reisen in den Weltraum. Mit einem mittleren Abstand von lediglich 384400 Kilometern ist er der nächste Himmelskörper an unserer Erde und wird mittlerweile sogar im Rahmen von Tagesausflügen angesteuert. Für alle unerfahrenen Weltraumtouristen ist er daher das perfekte Reiseziel, um sich mit der außerirdischen Umgebung vertraut zu machen und herauszufinden, ob das nächste Urlaubsziel dann vielleicht sogar der

Nicht verpassen:

Ein beliebtes Mitbringsel von unserem Trabanten ist sogenannter Mondregolith. Regolith ist die Bezeichnung für den speziellen Staub, der die komplette Oberfläche des Mondes bedeckt. Da unser Mond nur eine äußerst dünne Atmosphäre besitzt, verglühen herunterfallende Meteoriten nicht und schlagen ungehindert überall auf dem Mond ein. Hierdurch wird der Boden pulverisiert, und es entsteht der puderartige Regolith.

Mars sein soll oder doch eher wieder Punta Cana in der Karibik.

Ein unvergessliches Erlebnis, das es in dieser Pracht nur auf unserem Mond gibt, ist der Blick auf unseren Heimatplaneten. Viele Mondbesucher berichten davon, dass die Beobachtung der aufgehenden Erde ihre Sichtweise auf unsere planetare Heimat grundlegend verändert hat. Der Anblick der grünen Kontinente, der tiefblauen Ozeane und der sanft leuchtenden Atmosphäre aus der Ferne machen die Einzigartigkeit und Zerbrechlichkeit unserer Welt in einer ungeahnten Art und Weise deutlich. Allein für dieses Erdpanorama bieten viele Anbieter mittlerweile Expresstouren zu unserem Trabanten an.

Auch aus raumfahrthistorischer Sicht ist der Mond ein geschätztes Reiseziel. Immerhin befinden sich hier einige der bedeutendsten Orte der menschlichen Raumfahrt – zu nennen sind hier natürlich vor allem die Landestellen der Apollo-Missionen. Größter Beliebtheit erfreut sich die Landestelle von Apollo 11 im Mare Tranquillitatis, wo Neil Armstrong im Jahr 1969 als erster Mensch einen fremden Himmelskörper betrat und seine berühmten Worte sprach: »Dies ist ein kleiner Schritt für einen Menschen, aber ein riesiger Sprung für die Menschheit.«

Bisweilen kann die Apollo-11-Landestelle aufgrund ihrer Popularität sehr überlaufen sein, sodass an dieser Stelle auch ein Besuch der Landestellen von Apollo 12, 14, 15, 16 und 17 empfohlen sei, die ebenso interessant aber wesentlich menschenleerer sind. Doch Achtung: Der Versuch, neben der amerikanischen Flagge ein Selfie aufzunehmen, könnte in einer Enttäuschung enden – denn durch die Weltraumstrahlung und die heftigen Temperaturschwankungen sind die Flaggen gänzlich ausgebleicht.

Der Mars: Ein Urlaub im rostigen Naturparadies

Berge, die wie Titanen am Horizont thronen. Unendliche Schluchten, die die Landschaft durchziehen wie tiefe Narben. Windgepeitschte Dünen, die von gewaltigen Naturkräften erschaffen und sogleich wieder zerstört werden. Die Rede ist nicht vom Grand-Canyon-Nationalpark, sondern vom Planeten Mars! Unser Nachbarplanet ist DIE Anlaufstelle im Sonnensystem für Naturliebhaber, Wanderfreunde und Bergsteiger. Ein Urlaub auf dem roten Planeten ist allen zu empfehlen, die sich gern im Freien betätigen. Ein bekannter Reiseanbieter wirbt nicht umsonst mit dem Slogan: »Auf dem Mars rostet alles – außer Ihre Gelenke!«

Der Mars bietet viele aufregende Naturdenkmale, doch die zwei herausragendsten Landschaftsspektakel sind der Olympus Mons und das Valle Marineris. Der Olympus Mons kann mit Fug und Recht als der König aller Berge bezeichnet werden – und damit sind nicht nur alle Berge des Mars gemeint, sondern des gesamten Sonnen-

29

30

systems. Mit einer Gipfelhöhe von 26 Kilometern über dem umliegenden Tiefland lässt er den Mount Everest wie einen Zwerg erscheinen. Ist eine Besteigung des Olympus Mons also nur für die Reinhold Messners unter den Besuchern geeignet? Ganz und gar nicht! Denn die Schwerkraft auf dem Mars ist wesentlich geringer als auf der Erde. Bei angenehmen 38 Prozent der irdischen Gravitation können auch unerfahrene Bergsteiger die Höhen des Olympus Mons erklimmen. Zahlreiche Touranbieter offerieren geführte Bergwanderungen auf das »Dach des roten Planeten«. Angehende Gipfelstürmer sollten allerdings mehrere Tage für die Besteigung einplanen, da sich der Olympus Mons stark in die Breite erstreckt und die Steigung dafür zwar relativ flach ist, sich aber extrem in die Länge zieht. Mit einem Durchmesser von knapp 600 Kilometern gehört der Olympus Mons zu den sogenannten Schildvulkanen, von einigen lokalen Bergführern auch liebevoll »Pfannkuchenvulkane« genannt.

Touristen, die es eher in die Tiefe statt in die Höhe zieht, sollten unbedingt das Valle Marineris besuchen – den wohl spektakulärsten Canyon unseres Sonnensystems. Das Valle Marineris wirkt wie eine tiefe Narbe in der Oberfläche des Mars, die mit einer Länge von rund 4000 Kilometern und einer Tiefe von bis zu 7 Kilometern etwa 9-mal größer als der Grand Canyon ist. Die Aussage in vielen alten Reiseführern, dass der Grand Canyon eines der »beeindruckendsten Naturspektakel überhaupt« sei, muss also spätestens seit Beginn des Mars-Tourismus in Zweifel gezogen werden. Denn ebenso wie der Olympus Mons den Mount Everest wie einen kleinen Hügel erscheinen lässt, degradiert das Valle Marineris den Grand Canyon zu einem kleinen Riss im Boden. Viele Guides bieten vor Ort Touren mit geologischem Fokus an, bei denen während einer Wanderung durch die Schlucht die Entstehungsgeschichte des Valle Marineris und die unterschiedlichen Gesteinsschichten erläutert werden. Etwas anstrengend können die vielen Händler werden, die in der Schlucht ihre Stände aufgebaut haben und verkleidet in Alien-Kostümen Touristen ansprechen, um ihre meist nicht sonderlich hochwertigen Waren zu verkaufen. Als im 19. Jahrhundert die ersten Karten vom Mars erstellt wurden, gingen viele zeitgenössische Astronomen tatsächlich noch davon aus, dass Gräben wie das Valle Marineris Kanäle seien, die von Außerirdischen errichtet wurden.

Asteroiden-Hopping und der erdnächste Zwergplanet

Für viele ist der Asteroidengürtel nur ein lästiges Hindernis auf dem Weg zu den Gasplaneten Jupiter, Saturn, Uranus und Neptun. Immer mehr Reisende entdecken ihn jedoch als spannende Urlaubsdestination, in der man die Alltagssorgen zwischen den Tausenden Fels- und Eisbrocken schnell vergessen kann. Der Asteroidengürtel ist eine Ansammlung von mindestens 650 000 Asteroiden und Kometen, die sich zwischen den Planeten Mars und Jupiter in einer Umlaufbahn um die Sonne anhäufen. Man geht davon aus, dass es sich hierbei um eine Art Bauschrott handelt, der bei der Entstehung der inneren Steinplaneten vor mehreren Milliarden Jahren übrig geblieben ist. Die Felsbrocken, die nicht Teil der Planeten Merkur, Venus, Erde und Mars wurden, schwirren heute in einem steinigen Kollektiv in diesem Gürtel herum.

Eine beliebte Aktivität für Besucher ist das Asteroidenhopping. Da sich jeder Asteroid in seiner Beschaffenheit unterscheidet, ist es ein spaßiges Unterfangen, von Asteroid zu Asteroid zu reisen und die vielseitigen Eigenheiten zu entdecken. Einige der Asteroiden laden sogar zu mehrtägigen Erkundungstouren ein – der Asteroid Pallas beispielsweise ist mit einem Durchmesser von 546 Kilometern der größte Asteroid des Sonnensystems und erfreut sich vor allem bei deutschsprachigen Besuchern großer Beliebtheit, da er im Jahr 1802 vom Bremer Astronomen Heinrich Wilhelm Olbers entdeckt wurde, nach dem auch das Olbers-Planetarium in Bremen benannt ist.

Wer den nötigen Entdeckergeist mitbringt, kann sich im Asteroidengürtel auch auf die Suche nach noch nicht entdeckten Himmelskörpern

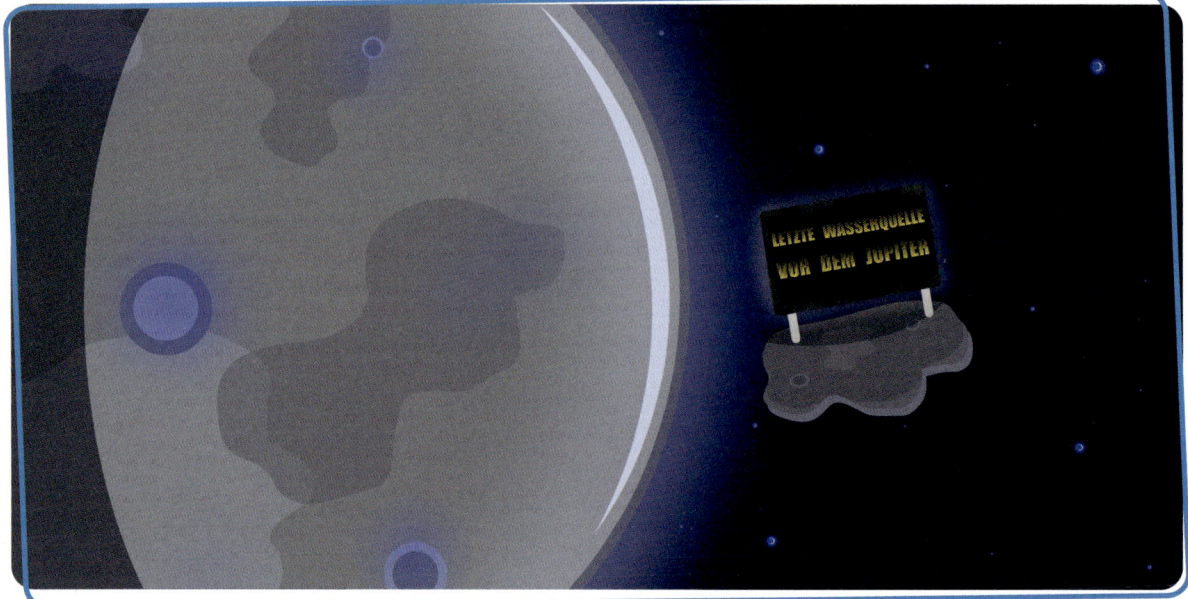

machen. Forscher gehen davon aus, dass es dort noch wesentlich mehr Asteroiden als die bislang entdeckten 650000 gibt. Reisende, die einen neuen Asteroiden ausfindig machen, können diesen auch benennen. Namensurkunden aus dem Asteroidengürtel sind in den letzten Jahren zu einem beliebten Mitbringsel für Touristen geworden. Allerdings sollte man sich vorher bewusst machen, dass die allermeisten Himmelskörper im Asteroidengürtel nur äußerst winzig sind. Die gesamte Masse des Asteroidengürtels entspricht nur etwa 4 Prozent des Gewichts des Erdmonds.

Ein absolutes Highlight für jeden Besucher des Asteroidengürtels ist der Zwergplanet Ceres. Mit einem Durchmesser von 964 Kilometern überschreitet er die Ausmaße eines Asteroiden deutlich und wurde daher im Jahr 2006 in die Gruppe der Zwergplaneten aufgenommen. Als größter Himmelskörper des Asteroidengürtels kann Ceres als eine Art Hauptort der Region angesehen werden – und tatsächlich herrscht auf dem Zwergplaneten immer großer Trubel, da allein der Durchreiseverkehr zu den Gasplaneten für einen stetigen Zustrom von Besuchern sorgt. Ein Besuch auf Ceres lohnt sich allerdings nicht nur zur Durchreise. Vor allem der Occator-Krater sollte auf dem Programm jedes Besuchers des Asteroidengürtels stehen. Schon aus dem Weltraum ist dieser 92 Kilometer große Krater gut zu erkennen, da sich in ihm jede Menge helle Flecken befinden. Diese hellen Flecken sind Salzablagerungen, die wohl durch hydrothermale Vorgänge an die Krateroberfläche gespült wurden. Mit anderen Worten: Unter der Oberfläche von Ceres befindet sich ein salzhaltiger Ozean. Dieser verbirgt sich allerdings 40 Kilometer unter der Oberfläche des Zwergplaneten und ist für Touristen bislang noch nicht zugänglich.

GEHEIMTIPP

Die Raumsonde Dawn erkundete von 2007 bis 2018 den Asteroidengürtel und lieferte die ersten beeindruckenden Bilder der großen Himmelskörper Vesta und Ceres. Obwohl der Kontakt zu Dawn seit 2018 abgebrochen ist, wird die Raumsonde noch viele Jahrzehnte den Zwergplaneten Ceres umkreisen. Es ist zu einer romantischen Tradition für Liebespaare geworden, bei einem nächtlichen Picknick auf Ceres nach der ausgedienten Raumsonde am mit Sternen übersäten Himmel zu suchen.

02

DIE ÄUSSEREN PLANETEN: STORM-WATCHING UND EISMOND-APRÈS-SKI

Ein Urlaub der Superlative auf den Monden des Jupiter

Wer sich im Urlaub nicht ausruhen möchte, sondern immer größere, beeindruckendere Aktivitäten von epischem Ausmaß erleben möchte, für den gibt es in unserem Sonnensystem eigentlich nur ein Ziel: den Jupiter. Der größte und schwerste Planet unseres Systems wiegt etwa doppelt so viel wie alle anderen Planeten zusammen. In der Anfangsphase des Sonnensystems vor einigen Milliarden Jahren lieferte er sich wohl sogar einen Wettkampf mit unserer Sonne und wäre fast selbst zu einem Stern geworden – war dann aber doch etwas zu leicht und konnte somit den stellaren Fusionsprozess nicht zünden.

Wer sich diesen Planetenkoloss ansehen möchte, steigt üblicherweise auf einem der zahlreichen Jupitermonde ab. Die populärsten Tourismusdestinationen sind die vier größten Jupitermonde Ganymed, Kallisto, Io, und Europa – auch bekannt als die vier Galileischen Monde. Von mittlerweile oftmals angebotenen »4 Monde in 4 Tagen«-Touren wird hier ausdrücklich abgeraten, da jeder der vier großen Jupitermonde so viel zu bieten hat, dass man sich durchaus länger Zeit nehmen sollte.

Wenn Jupiter der König der Planeten ist, ist Ganymed der König der Monde. Mit einem Durchmesser von 5262 Kilometern ist er der größte Mond des Sonnensystems und würde sogar die Voraussetzungen für einen Planeten erfüllen, wenn er die Sonne umkreisen würde. Trotzdem ist Ganymed bei Touristen bislang eher ein Geheimtipp – dies liegt womöglich daran, dass seine interessanteste Landschaft Galileo Regio auf der jupiterabgewandten Seite des Mondes liegt. Hier gibt es spannende geologische Formationen wie Krater aus der Entstehungszeit des Mondes und mysteriöse helle Streifen zu bewundern. Doch da von der Galileo Regio ein Blick auf den Jupiter nicht möglich ist, verirren sich nur wenige Touristen hierher.

Wesentlich beliebter bei Weltraumreisenden

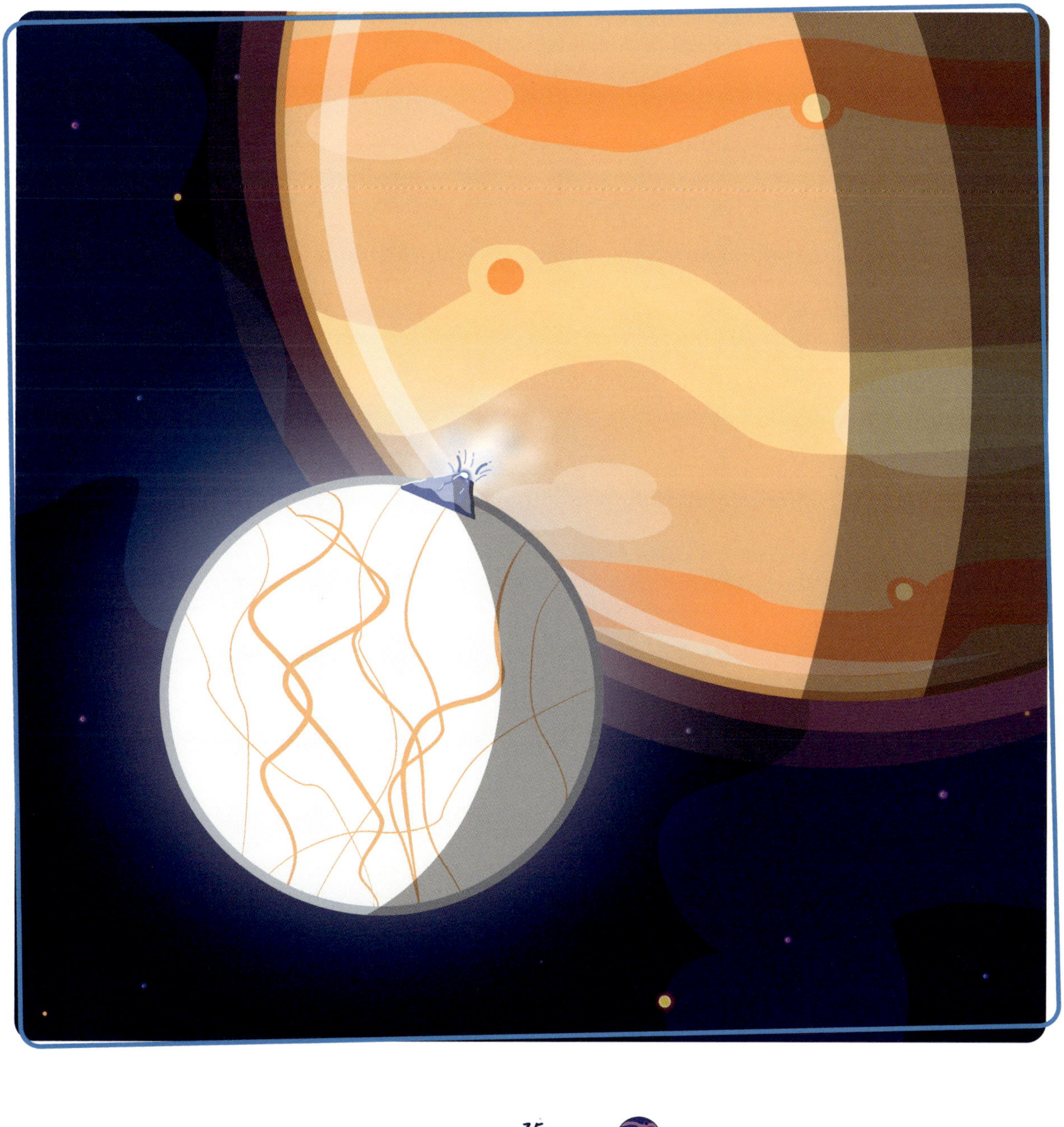

sind die Monde Io und Europa, die gerade aufgrund ihrer Gegensätze so faszinierend sind. Io ist eine lebensfeindliche Lavawelt, die den stärksten Vulkanismus im gesamten Sonnensystem besitzt. Die größten Hotelanlagen befinden sich neben gigantischen mit Lava gefüllten Schloten. Zu nennen ist hier vor allem der Lavaschlot Tupan Pantera, ein 75 Kilometer großer See aus flüssigem Schwefel. Für den entspannten Familienurlaub eignet sich der Mond Io also nicht wirklich – der penetrante Schwefelgeruch und die umherspritzende Lava sind nur etwas für Extremtouristen. Ios ungleicher Zwilling ist der Mond Europa, eine eisige Welt und

wahrscheinlicher Kandidat für außerirdisches Leben. Die Top-Attraktion auf Europa sind die sogenannten Kryo-Vulkane, beeindruckende Geysire, aus denen flüssiges Wasser an die Oberfläche spritzt. Obwohl Europa so weit von der Sonne entfernt ist, schmilzt das Eis in seinem Inneren aufgrund der Schwerkraft des Jupiters. Durch die immense Gravitation knetet Jupiter seine Monde regelrecht durch und schafft so die Voraussetzungen für flüssiges Wasser und die berühmten Eisvulkane. Reisende sollten sich bei all der Begeisterung für die Kryo-Vulkane in Acht nehmen: Unseriöse Scharlatane verkaufen am Rand der Geysire angebliches »Kryo-Heilwasser«. Auf keinen Fall kaufen, es handelt sich um ganz normales Wasser!

Nicht verpassen:

Von der Oberfläche aller Monde lassen sich bei günstigen Bedingungen die beeindruckenden Stürme des Jupiter beobachten. Insbesondere der sogenannte »Große Rote Fleck« gehört zum absoluten Standardprogramm für jeden Jupiter-Touristen. Dieses gigantische Hochdruckgebiet ist größer als unsere Erde und damit ein Sturm, dessen Ausmaß im wahrsten Sinne des Wortes nicht von dieser Welt ist. Wer den Großen Roten Fleck noch sehen möchte, sollte sich allerdings sputen: Seit Jahren stellt man fest, dass der Sturm schrumpft und immer kleiner wird – bis er wohl irgendwann gänzlich verschwinden wird.

Um Fassung ringen auf den Ringen des Saturns

Obwohl der Saturn es in Sachen Größe und Gewicht nicht mit dem Jupiter aufnehmen kann, haben offizielle Statistiken der Reisebranche gezeigt, dass er trotzdem der meistbesuchte und beliebteste fremde Planet ist. Das ist auch kaum verwunderlich: Welches Kind träumt nicht davon, irgendwann die Ringe des Saturns aus der Nähe bewundern zu können?

Viele Touristen sind erstaunt, wenn sie sich dem Saturn das erste Mal nähern und feststellen, dass er von Tausenden Ringen und nicht nur

von einem großen umgeben ist. Über 100000 Ringe aus Steinchen, Staub und Eisbrocken säumen den Saturn. Viele Anbieter bieten Flugreisen durch die Ringe an – Angst vor einer Kollision muss man hierbei nicht haben. Obwohl die Ringe aus der Ferne eine feste Oberfläche zu haben scheinen, bestehen sie lediglich aus Kleinstteilchen, die einen ausreichend großen Abstand voneinander besitzen.

Da die Oberfläche des Saturns gasförmig ist, befinden sich die Touristenunterkünfte auch hier auf den zahlreichen Monden. Mit 82 Trabanten besitzt Saturn die meisten Monde aller Planeten im Sonnensystem, der größte und bekannteste ist der Titan. Titan hat sich zu einem wahren Urlaubsparadies entwickelt, was wohl an seinen idyllischen Seenlandschaften liegen dürfte. Besucher müssen jedoch unbedingt darauf achten, nicht in den zahlreichen Seen des Mondes schwimmen zu gehen. Sie sind nämlich nicht gefüllt mit Wasser, sondern mit flüssigem Methan. Ein Bad auf dem Titan würde also ein jähes Ende des Urlaubs bedeuten.

Vor allem für Fans der Filmreihe »Star Wars« lohnt sich ein Ausflug zum Mond Mimas. Dessen Aussehen erinnert unweigerlich an den aus den Filmen bekannten Todesstern, eine mächtige Kriegswaffe, mit der sogar ganze Planeten zerstört werden können. Die Ähnlichkeit entsteht durch den riesigen Herschel-Krater auf Mimas, der in etwa so wie die Laser-Öffnung des Todessterns aussieht. Der Herschel-Krater ist 130 Kilometer groß und ist wohl vor langer Zeit durch einen Asteroideneinschlag entstanden, der Mimas fast zerrissen haben muss. Eine Wanderung durch den Krater ist unbedingt empfehlenswert: In der Mitte türmt sich ein knapp 11 Kilometer hoher Zentralberg auf, einer der höchsten Berge des Sonnensystems!

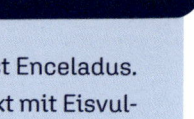

GEHEIMTIPP

Eine deutlich weniger überlaufene Alternative zum Jupiter-Eismond Europa ist Enceladus. Enceladus ist Saturns bekanntester Eismond und ist ebenso wie Europa bedeckt mit Eisvulkanen und besitzt einen unterirdischen Ozean, in dem Forscher sogar Strömungen nachweisen konnten, die denen unserer Weltmeere ähneln. Viele halten den unterirdischen Ozean von Enceladus für einen der wahrscheinlichsten Orte für außerirdisches Leben in unserem Sonnensystem. Einen Tauchgang unter der Eiskruste des Enceladus sollten Sie sich also nicht entgehen lassen!

Die Eisriesen Uranus und Neptun: Außerirdisches Après-Ski

»Endlich mal blau machen!« Mit diesem Slogan locken viele Reiseanbieter Touristen zu den äußeren Gasplaneten Uranus und Neptun. Und tatsächlich beeindrucken beide Planeten durch ihre bläuliche Farbe, die durch einen hohen Anteil des Gases Methan in ihrer Atmosphäre entsteht. Methan absorbiert den roten Anteil des Lichts und lässt das für die beiden Planeten typische Blau übrig. Auch ansonsten haben Uranus und Neptun viel gemeinsam und werden daher von vielen Touristen in einer einzelnen Urlaubs-

reise besucht. Aufgrund ihrer Größe und der kalten Temperaturen im äußeren Sonnensystem tragen sie den Spitznamen »Eisriesen«. Doch Eis wird man auf der Oberfläche der beiden Planeten vergeblich suchen, da auch Uranus und Neptun gasförmig sind. Auf ihren Monden gibt es Eis und Schnee dafür in rauen Mengen. Nicht umsonst haben viele der Trabanten sich in den letzten Jahren zu den beliebtesten Wintersportorten im Sonnensystem entwickelt.

Das Après-Ski-Zentrum des Uranus ist sein Mond Miranda. Dieser Himmelskörper lockt nicht nur Freunde von feucht-fröhlichen Hüttengaudis an, sondern auch ambitionierte Wintersportler.

Mirandas Oberfläche ist tief zerfurcht, was wohl einem Einschlag geschuldet ist, der dazu führte, dass der Mond vollständig zerrissen wurde und sich dann wieder zusammenfügte. Hierdurch sind spektakuläre Steilklippen entstanden wie beispielsweise die Verona Rupes, die mit einer Höhe von 20 Kilometern die höchste Klippe im Sonnensystem ist. Auch weniger todesmutige Besucher von Miranda stürzen sich mit Freude von dieser Klippe, da die Schwerkraft auf dem Mond wesentlich geringer als auf der Erde ist. Es wird trotzdem ausdrücklich empfohlen, das Cliff-Diving auf Miranda nur mit einem zertifizierten Guide durchzuführen.

Neptunbesucher steuern für gewöhnlich dessen größten Mond Triton an. Von Triton aus lassen sich wunderbar die beeindruckenden Stürme des Neptuns beobachten. Seine Wetterverhältnisse sind zwar nicht ganz so extrem wie die des Jupiters, doch auch hier können Hochdruckgebiete von gigantischem Ausmaß bestaunt werden: Der sogenannte »Große Dunkle Fleck« besaß etwa die Größe von Eurasien. Seit einigen Jahren scheint er allerdings verschwunden zu sein – Forscher gehen davon aus, dass er sich durch Wechselwirkung mit anderen Stürmen langsam aufgelöst hat. Noch heute sind die Promenaden des Tritons aber mit Besuchern gefüllt, die angetrieben von stürmischem Optimismus den Neptun stundenlang beobachten und hoffen, den Großen Dunklen Fleck wiederzufinden.

Eine weitere beliebte Attraktion des Tritons ist der »kälteste Ort im Sonnensystem«. Tatsächlich hat die Sonde Voyager 2 hier im Jahr 1989 mit minus 237,6 Grad die tiefste jemals von einer Sonde gemessene Temperatur im Sonnensystem festgestellt. Heute ist das Gelände in privater Hand und kostet Eintritt. Viele Touristen lassen sich an diesem Ort in einer dicken Winterjacke fotografieren und erwerben die Bilder dann für horrende Preise vom Betreiber. Der Besuch ist durchaus interessant, man sollte sich aber bewusst machen, dass es vermutlich noch wesentlich kältere Orte im Sonnensystem gibt, deren Temperaturen aber einfach noch nicht gemessen wurden.

03

HINTER DEM KUIPERGÜRTEL: DIE LETZTE GRENZE

Riesenspaß auf dem Zwergplaneten

Obwohl er mit durchschnittlich über 5 Milliarden Kilometern äußerst weit von der Erde entfernt ist, ist der Pluto ein beliebtes Reiseziel im äußeren Sonnensystem. Das liegt wohl daran, dass viele Menschen den kleinen Zwergplaneten seit seiner Degradierung ins Herz geschlossen haben. Über 70 Jahre lang galt Pluto als der neunte Planet, bis sich die Wissenschaftler der Internationalen Astronomischen Union dann im Jahr 2006 auf neue Kriterien für den Status als Planet einigten und Pluto zum Zwergplaneten herunterstuften. All-inclusive-Anbieter nutzen diesen Umstand geschickt aus und haben entsprechende Marketing-Kampagnen gestartet. Jeder kennt wohl noch den Slogan: »Buchen Sie jetzt Ihre Reise zum Pluto! Oder wollen Sie, dass er noch trauriger wird?«

Tatsächlich hat der kleine Zwergplanet einige Attraktionen zu bieten. Beliebter Ferienort ist die sogenannte Tombaugh Regio, eine große Tiefebene, die nach Plutos Entdecker Clyde Tombaugh benannt wurde und aus dem Weltraum wie ein gigantisches helles Herz erscheint, das sich vom dunkleren Umland abhebt. Ein besonderer Teilbereich der Tombaugh Regio ist die Sputnik Planitia, eine etwa 1000 Kilometer große Eisfläche. Die geologischen Aktivitäten des Plutos sind noch weitestgehend rätselhaft, sodass den Wissenschaftlern noch nicht klar ist, wieso sich gerade an diesem Ort so viel Eis ansammelt. Einige Forscher gehen nun sogar schon davon aus, dass sich unterhalb der Oberfläche des Plutos flüssiges Wasser befinden könnte und dort sogar organische Prozesse möglich seien, die zu Veränderungen in der Atmosphäre des Plutos führen. Mit anderen Worten: Außerirdische Pluto-Bakterien, deren Ausscheidungen das Wetter auf dem Zwergplaneten beeinflussen. Besucher des Planeten sollten jedoch nicht auf eigene Faust auf Erkundungstour nach diesen unterirdischen Gewässern gehen. Zwar befinden sich überall auf der Oberfläche Höhleneingänge, die in ein verwinkeltes Untergrundsystem führen, diese

42

Nicht verpassen:

Wer den weiten Weg zum Pluto auf sich nimmt, sollte auch unbedingt dessen größten Mond Charon besichtigen. Insbesondere für Fans der Werke des Schriftstellers J.R.R. Tolkien lohnt sich der Besuch. In der Nähe von Charons Nordpol erstreckt sich ein großes Gebiet mit rötlichem Boden, das den Namen Mordor Macula trägt. Herrscht hier etwa Sauron persönlich, bekannter Antagonist aus dem Herr-der-Ringe-Universum? Die Ursache für die rötliche Farbe ist noch nicht gefunden, Forscher gehen aber davon aus, dass Charon Moleküle aus Plutos dünner Atmosphäre einfängt, die sich dann in diesem Gebiet ablagern. Besucher können vor Ort auf Spurensuche gehen. Doch nehmen Sie sich in Acht vor den Nazgûl!

sind jedoch noch kaum erforscht und für Touristen offiziell gesperrt.

Gut zu beobachten ist von Plutos Oberfläche der sogenannte Kuipergürtel, eine Art weiter entfernter Zwillingsbruder des Asteroidengürtels zwischen dem Mars und dem Jupiter. Auch der Kuipergürtel besteht aus Unmengen von Asteroiden, Kometen und Staubpartikeln. Der Pluto rast auf seinem Weg um die Sonne durch diese Ansammlung von Dreck und Schmutz. Reisende sollten sich vor herabfallenden Kuipergür-

telsternschnuppen hüten – schon der ein oder andere Pluto-Urlaub nahm eine unschöne Wendung, als die sorgsam ausgewählte Ferienwohnung von einem Meteoriten zerstört wurde.

Jwd: Die äußeren Winkel des Sonnensystems

Hört unser Sonnensystem hinter dem Pluto auf? Nein! Und einige Extremreisende haben die noch weitgehend unerforschten Winkel fernab der Sonne bereits für sich entdeckt. Besonders empfohlen werden kann an dieser Stelle eine sogenannte All-inclusive-Zwergplaneten-Tour, bei der neben Pluto auch noch die anderen transneptunischen Zwergplaneten Eris, Ceres, Haumea und Makemake besichtigt werden. Doch Achtung: Eine solche Tour will zeitlich wohl geplant sein, da es nur sehr selten vorkommt, dass all diese Zwergplaneten in einer relativen Nähe zueinander stehen. Die eierförmige Haumea beispielsweise benötigt knapp 285 Jahre für einen Umlauf um die Sonne.

Wem Zwergplaneten schon zu sehr im Mainstream der Reisetrends angekommen sind, der kann sein Urlaubsglück auf einem der zahlreichen weiteren transneptunischen Objekte finden, beispielsweise auf dem kuriosen Doppelasteroiden Arrokoth. Dieser Himmelskörper besteht aus zwei großen Steinbrocken, die einst miteinander kollidiert sind und sich zu einer Art kos-

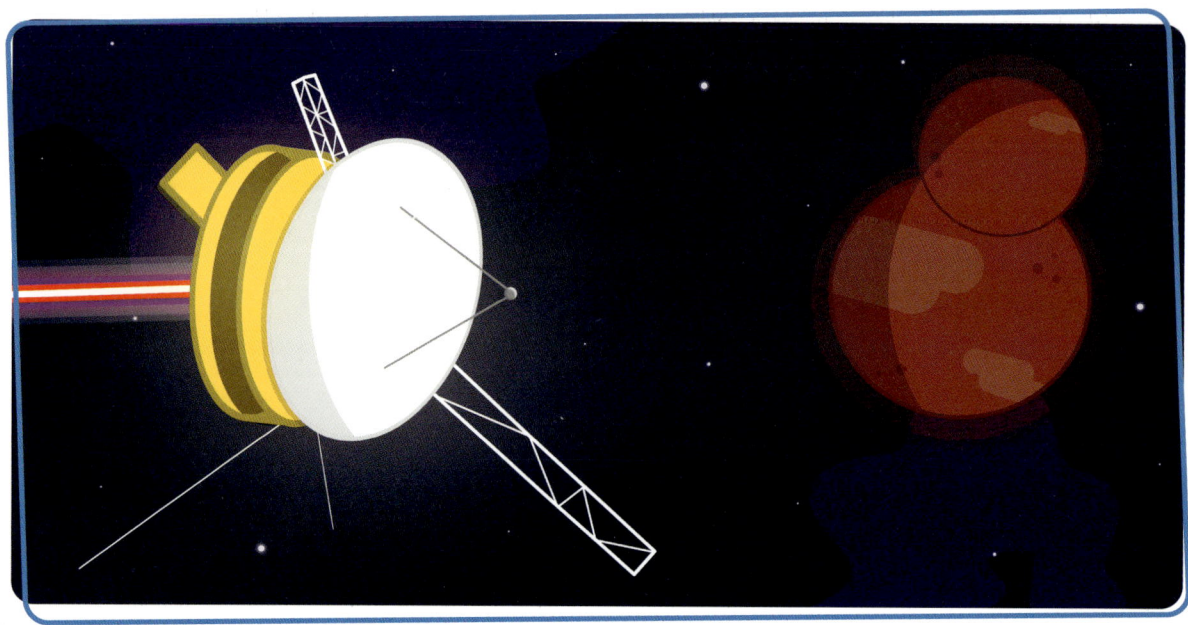

mischem Schneemann vereint haben. Als die Sonde New Horizons am 01.01.2019 an Arrokoth vorbeiflog, war es das bis dahin am weitesten entfernte Objekt, das jemals von der Menschheit untersucht wurde.

Wer wirklich weit weg möchte und längere Anfahrtswege nicht scheut, kann eine Abenteuerreise in die mysteriöse Oortsche Wolke unternehmen. Dieses sphärenartige Gebilde aus Staub, Gestein und Eisbrocken bildet eine Art Begrenzung unseres Sonnensystems. Hier, wo die Schwerkraft der Sonne gerade noch ausreicht,

um Objekte in ihren Bann zu ziehen, bildet sich ein natürliches Ende des Sonnensystems. Hinter der Oortschen Wolke übertrifft dann die Schwerkraft anderer Sterne die unserer Sonne, sodass hier die wahre Grenze unseres Sonnensystems liegt. Viele der Kometen, die eine feste Umlaufbahn um die Sonne haben und alle paar Jahrzehnte oder Jahrhunderte von der Erde aus bewundert werden können, haben ihren Ursprung in der geheimnisvollen und eisigen Oortschen Wolke. Wer sich für eine Reise in dieses noch gänzlich unerforschte Terrain entscheidet, kann

vor Ort Hunderte noch unbekannte Kometen entdecken und den kosmischen Eisklumpen Namen geben, lange bevor sie unsere Erde erreichen werden. Touristen, die das einigermaßen weit entfernte Ende der Oortschen Wolke erreichen (ungefähr 1,6 Lichtjahre von der Sonne entfernt), machen sich einen Spaß daraus, mit einem Fuß innerhalb der Wolke und mit dem anderen außerhalb zu stehen – also sich zeitgleich im Sonnensystem und außerhalb davon zu befinden.

Haben Sie noch ein paar zusätzliche Urlaubstage? Dann könnten Sie Ihren Urlaub bis zu dem Tag ausdehnen, an dem die Sonde New Horizons die Oortsche Wolke erreichen wird. Bei einer derzeitigen Geschwindigkeit von 14,5 Kilometern pro Sekunde wird die Sonde die innere Grenze der Oortschen Wolke in ungefähr 500 Jahren erreichen.

GEHEIMTIPP

Es ist ein bisschen wie die Suche nach der Nadel im Heuhaufen, doch viele ambitionierte Reisende haben es sich zur Aufgabe gemacht, die Sonden Voyager 1 und Voyager 2 in der gigantischen Leere des äußeren Sonnensystems ausfindig zu machen. Die Voyagers starteten Ende der 70er-Jahre ihre Erkundungsreise durch das Sonnensystem und lieferten uns viele fantastische Bilder der Gasplaneten. Ungebremst schwirren sie nun durch die Weiten des Alls und werden wohl irgendwann sogar fremde Sterne erreichen. Bis dahin haben Sonnensystem-Touristen aber noch lange Zeit, die Sonden aufzuspüren: In 300 Jahren werden die Voyager-Sonden erst in die Oortsche Wolke eintauchen, die so gigantisch ist, dass es weitere 30 000 Jahre dauern wird, bis die Sonden ihr äußeres Ende erreichen und das Sonnensystem verlassen werden.

Die Geburt neuer Sterne lässt sich im farbenfrohen Orionnebel bewundern.

EINE INSEL AUS STERNEN:

DIE MILCHSTRASSE

Im System TRAPPIST-1 sind 7 Exoplaneten auf einen Streich zu besichtigen.

Dem König der Sterne, UY Scuti, sollten alle Weltalltouristen die Ehre erweisen.
Das zentrale Schwarze Loch Sagittarius A* zieht jeden Besucher in seinen Bann.

Hier treffen sich Stars und Sternchen! Und zwar jede Menge: Unsere Milchstraße besteht nach aktuellen Schätzungen aus 100 bis 400 Milliarden Sternen – unsere Sonne ist nur einer davon. An potenziellen Urlaubsorten, Reisemöglichkeiten und galaktischen Aktivitäten mangelt es also wirklich nicht.

Viele Touristen vergleichen eine Reise in unserer Galaxis mit einem Traumurlaub auf einem einsamen Eiland. Man bricht zu neuen, unerforschten Ufern auf, erreicht eine wunderschöne Insel (in diesem Fall bestehend aus Milliarden Sonnen) und wird belohnt mit dem atemberaubendsten Sternenhimmel. Eigentlich ist die Milchstraße sogar noch viel mehr: eine Sterneninsel, die selbst aus Milliarden unentdeckten Welten besteht. Denn um fast jeden der Milliarden Sterne drehen sich Planeten mit Monden sowie Zwergplaneten, Kometen und Asteroiden – eben all das, was wir auch aus unserem Sonnensystem kennen, in einer fremdartigen und galaktischen Form. Wer die Reise in die Weiten der Galaxis auf sich nimmt, wird also mit einem Strand aus nahezu unendlichen Möglichkeiten belohnt. Jedes Sandkorn ist ein eigenes System mit Exoplaneten und Exomonden, das es zu erforschen gibt. Und im Zentrum lauert sogar ein supermassives

Schwarzes Loch, in dessen Nähe sich nur die mutigsten Reisenden wagen …

Abenteuerreisende kommen aber nicht nur aufgrund der unwiderstehlichen Anziehung Schwarzer Löcher auf ihre Kosten, sondern können sich auch auf eine Vielzahl von Roten Riesensternen, Supernova-Nebeln und Exoplaneten, die direkt aus einem Science-Fiction-Roman zu entstammen scheinen, freuen.

Eine Warnung vorab: Wer darüber nachdenkt, jetzt schnell zum Reisebüro zu rennen, um einen Urlaub in den Spiralarmen unserer Milchstraße zu buchen, sollte kein Problem mit langen Anfahrtswegen haben: Unsere Galaxis besitzt einen Durchmesser von ungefähr 100 000 Lichtjahren. Damit eine Reise sich wirklich lohnt, sollte man also beispielsweise die ganzen Sommerferien einplanen.

Sie gehören zu der Sorte Tourist, den die galaktischen Ausmaße nicht abschrecken, sondern eher faszinieren? Von einem Schwarzen Loch würden Sie sich niemals durch Unaufmerksamkeit verschlucken lassen? Und Exoplaneten sammeln Sie wie Briefmarken? Dann finden Sie auf den nächsten Seiten unabdingbare Informationen für Ihren Traumurlaub auf der Sterneninsel!

48

DIE GALAKTISCHE NACHBARSCHAFT: EXOPLANETEN-HOPPING

Forschung im Nachbarsystem: Eine Reise nach Alpha Centauri

Der perfekte Einstieg für einen Urlaub außerhalb unseres Sonnensystems ist unser Nachbarsystem Alpha Centauri. Alpha Centauri ist schlappe 4,367 Lichtjahre von unserer Heimat entfernt! Besucher finden eine aufregende Vielfalt an Sternen vor. Alpha Centauri ist nämlich ein sogenanntes Dreifach-Sternsystem. Es besteht aus den Sternen Alpha Centauri A, Alpha Centauri B und Proxima Centauri. Erfahrene Milchstraßen-

Urlaubsgrüße aus Alpha Centauri...

touristen wissen: Etwa die Hälfte aller Sternsysteme in der Galaxis sind Mehrfachsysteme.

Alpha Centauri A und Alpha Centauri B ähneln in ihrer Größe unserer Sonne. Der interessanteste Ort für einen extrasolaren Urlaub ist aber tatsächlich der zwergenhafte Proxima Centauri. Dieser Rote Zwergstern erreicht nur 12,5 Prozent des Gewichts unserer Sonne, und auch seine Oberflächentemperatur von knapp 2800 Grad ist nicht gerade beeindruckend. Doch Besucher sollten sich von dieser Unscheinbarkeit nicht abschrecken lassen, denn die wahren Attraktionen sind die Planeten, die Proxima Centauri umrunden. Im Jahr 2016 entdeckte man den Exoplaneten Proxima Centauri b, im Jahr 2020 Proxima Centauri c. Allen Safari-Fans sei eine Reise nach Proxima b ans Herz gelegt. Dieser erdnächste Exoplanet umrundet seinen Stern in der habitablen Zone, das bedeutet, dass auf ihm theoretisch gute Bedingungen für flüssiges Wasser, angenehme Temperaturen und Leben herrschen. Es wirkt wie eine Art kosmischer Treppenwitz: Der nächste Exoplanet außerhalb des Sonnensystems könnte außerirdisches Leben beheimaten. Doch noch steht der Beweis aus – einige Astronomen sind skeptisch, da der Stern Proxima Centauri zu heftigen Energieausbrüchen neigt, sogenannte Flares, die die Helligkeit des Zwergsterns für einige Sekunden um das Tausendfache steigern können. Risikofreudige Touristen können vor Ort auf die Suche nach außerirdischem Leben gehen. Vergessen Sie aber nicht Ihre Sonnencreme!

Trappist-1: Sieben Exoplaneten auf einen Streich

Wenn man den Einwohnern der Aussteigerkolonien im System Trappist-1 Glauben schenkt, lebt es sich dort wesentlich angenehmer als in unse-

GEHEIMTIPP

Super-Erde oder Mini-Neptun? Proxima Centauris anderer Exoplanet, Proxima c, wirft viele Rätsel auf. Die Wissenschaftler wissen nur, dass er etwa siebenmal schwerer als unsere Erde ist. Wenn er aus Stein besteht, würde ihn das zu einer sogenannten Super-Erde machen. Wenn er ein Gasplanet ist, wäre er ein Mini-Neptun. Wer die Reise auf den lebensfreundlichen Exoplaneten Proxima b auf sich nimmt, kann versuchen, sich bis nach Proxima c durchzuschlagen und die Frage ein für alle Mal zu klären. Aber Vorsicht: Die Route ist noch unerforscht.

rem Sonnensystem. In einer großen Reportage in einem angesehenen Reisemagazin wird einer der dort lebenden extrasolaren Hippies so zitiert: »Warum soll ich irgendwo wohnen, wo es nur vier Steinplaneten gibt? Hier gibt's sieben, und jeder hat etwas Einzigartiges zu bieten: feurige Lavaströme, sanfte Hügel und eisige Gletscher. Ich spüre täglich, wie ich hier eins mit der Natur werde. Ach ja, und ich muss hier keine Steuern zahlen.«

Tatsächlich offenbart sich Neuankömmlingen im Trappist-1-System eine überwältigende Vielfalt von unterschiedlichen Welten. Der Stern wird von folgenden sieben Exoplaneten umkreist: Trappist-1 b, Trappist-1 c, Trappist-1 d, Trappist-1 e, Trappist-1 f, Trappist-1 g, Trappist-1 h – einige Besucher beklagen sich zu Recht über die mangelnde Fantasie der Astronomen bei der Namensgebung neuer Himmelskörper.

Sonnenanbeter zieht es nach Trappist-1 b oder Trappist-1 c. Diese Planeten umkreisen ihren Stern in einem sehr geringen Abstand und bieten daher angenehm warme Temperaturen von 62 bis 127 Grad. Für Abkühlung ist allerdings auch gesorgt: Alle Planeten des Trappist-Systems umkreisen ihren Stern mit einer sogenannten gebundenen Rotation. Das bedeutet, dass sie sich so drehen, dass auf einer Seite des Planeten immer Tag und auf einer Seite immer Nacht ist. Bekannt ist dies auch von unserem Mond: Da er gebunden um die Erde rotiert, sehen wir immer nur dieselbe Seite. Für das Urlaubserlebnis auf den beiden inneren Trappist-Planeten bedeutet das jede Menge Schatten auf den sternabgewandten Seiten der Planeten. Obwohl es auf den Tagseiten so heiß wird, vermutet man vor allem bei Trappist-1 c sogar flüssiges Wasser auf der Nachtseite. Tagsüber im Licht einer fremden Sonne bräunen, nachts in einem Exo-Ozean schwimmen, in dem sich Tausende Sterne spiegeln. Urlaub kann so schön sein!

Traditionalisten fühlen sich auf Trappist-1 e am wohlsten. Dieser Exoplanet liegt im Zentrum der habitablen Zone des Trappist-1-Systems und besitzt eine vergleichbare Dichte wie unsere Erde. Es soll sogar schon vorgekommen sein, dass irdische Touristen mit dem Raumschiff hier ankamen und beim Aussteigen dachten, sie hätten die Erde gar nicht verlassen!

Ambitionierte Frostbeulen zieht es auf die äußeren Planeten Trappist-1 f, g und h. Diese Welten sind von dicken Eiskrusten überzogen. Ein bekannter Antarktis-Forscher beschrieb diese Eiswelten so: »Stellt euch vor, ihr erkundet die Antarktis, nur dass es kein Ende gibt, da der gesamte verdammte Planet die Antarktis ist.« Besonders empfehlenswert ist hierbei eine Reise nach Trappist-1 f, da dieser noch nah genug an seinem Stern ist, um flüssiges Wasser zu beheimaten. Auf seiner Tagseite gibt es einen gigantischen arktischen Ozean zu erkunden, auf der Nachtseite erwartet Reisende das ewige schattenbedeckte Eis. Es wird dringend dazu geraten, Reisen auf diese extremen Eisplaneten nur mit einem erfahrenen Guide vorzunehmen!

Why so Sirius? Doppelter Spaß im Doppelsternsystem

Sirius ist nur einen Augenblick von der Erde entfernt. Immerhin kann man dieses Sternsystem in klaren Winternächten von unserem Heimatplaneten aus mit Leichtigkeit bestaunen. Sirius ist nämlich der hellste Stern am irdischen Nachthimmel. Viele planen ihren Urlaub zum Sirius-System daher mit der Erwartung, vor Ort einen gigantisch großen Stern vorzufinden. Fehlanzeige! Das Sirius-System besteht aus den Sternen Sirius A und Sirius B. Sirius A is zwar größer und schwerer als unsere Sonne, aber im Vergleich zu den wahren Riesen der Milchstraße nur ein durchschnittlicher Stern. Sein winziger Begleiter Sirius B ist ein sogenannte Weißer Zwerg und nur etwa so groß wie die Erde. Die Eigenschaften der beiden Sterne sind aufgrund ihrer Nähe zur Erde gut erforscht und werden in zahlreichen Museen vor Ort leicht verständlich für Besucher erklärt. Dort erfährt man auch, weshalb Sirius trotz seiner durchschnittlichen Größe von der Erde aus so hell erscheint. Die scheinbare Helligkeit von Sternen am Nachthimmel wird von zwei Faktoren beeinflusst: ihrer Größe und ihrer Entfernung. Sirius ist zwar nicht groß, aber mit 8,6 Lichtjahren sehr nah an der Erde dran.

Ein besonderes Augenmerk sollten Besucher auf den Begleitstern Sirius B richten. Hier gibt es für Neugierige jede Menge über die Sternenart »Weißer Zwerg« zu lernen. Vor allem Kinder kommen dank vieler Schautafeln und interaktiver Modelle voll auf ihre Kosten und bekommen das Wissen spielerisch näher gebracht. Abzuraten ist hingegen von einem Besuch des Ausflugslokals »Schneewittchen und die sieben weißen Zwerge« – viel zu hohe Preise und die Spezialität »Vergifteter Apfel« schmeckt nicht.

Es ist beeindruckend, sich vor Augen zu führen, dass Sirius B der heiße Überrest eines einstmals viel größeren Sterns ist. Weiße Zwerge sind die extrem verdichtete Restmasse eines implodierten Sterns. Sterne durchlaufen in ihrer Milliarden Jahre langen Existenz verschiedene Entwicklungsstufen, sehr anschaulich nachzuvollziehen auf dem Lebensweg-der-Sterne-Fernwanderweg um Sirius B. Energie und Hitze erzeugen Sterne, da in ihrem Inneren ein Fusionsprozess stattfindet, meist wird dabei Wasserstoff in Helium verwandelt. Irgendwann ist der Wasserstoffvorrat aufgebraucht, und der Stern beginnt, das nächst schwerere Element zu fusionieren. Am Ende dieser Fusionskette blähen die meisten Sterne sich auf und werden zu einem Roten Riesen. Wie schockierte Besucher auf einer vor Sirius B angebrachten Infotafel erfahren, steht dieses Schicksal in 4 bis 5 Milliarden Jahren auch unserer Sonne bevor. Kleine Sterne wie unsere Sonne implodieren und verdichten sich zu einem Weißen Zwerg. Unsere Sonne wird dann komplett aus Kohlenstoff bestehen und nur noch so groß wie die Erde sein, allerdings immer noch extrem heiß und extrem dicht. Im Prinzip also ein erdgroßer, brennender Diamant. Wer die Reise zu Sirius B auf sich nimmt, betrachtet also ein Mahnmal hinsichtlich der Zukunft unserer eigenen Sonne.

GEHEIMTIPP

Wer Sirius B sagt, muss auch Sirius C sagen! Lange Zeit ging man aufgrund von Schwerkraftanomalien davon aus, dass sich im Sirius-System noch ein dritter Stern befinden müsste. Durch genauere Untersuchungen durch das Hubble-Weltraumteleskop wird diese Möglichkeit mittlerweile von den meisten Forschern ausgeschlossen, doch es ist sehr wahrscheinlich, dass sich noch irgendein geheimnisvoller Himmelskörper im Sirius-System versteckt. Vielleicht ein Exoplanet? Abenteuerlustige Reisende können sich vor Ort auf die Suche nach dem verlorenen dritten Sirius machen.

5

ORION- UND PERSEUSARM: EXPLODIERTE STERNE UND GASNEBEL BEWUNDERN

Die Pleiaden: Funkelnde Augen und Sterne

Ein Kindheitstraum, der nun dank geschäftstüchtiger galaktischer Reiseanbieter Wahrheit werden kann: Die funkelnden Sterne der Pleiaden aus der Nähe betrachten! Geschickt nutzen viele Tourismusbüros die Bekanntheit der Pleiaden unter potenziellen Urlaubswilligen aus. Wer hat nicht schon am Winterhimmel diese wunderschöne Ansammlung von dicht beieinander gedrängten Sternen bewundert, die bei vielen auch unter dem Namen »Siebengestirn« bekannt ist? In der Mythologie handelt es sich bei den Pleiaden um sieben Schwestern, um die sich der mächtige Gott Zeus (am Himmel in Form des Stiers) und der Jäger Orion streiten. Wer seinen Urlaub im Pleiadenhaufen verbringt, stellt aber schnell fest, dass es noch einige Schwestern mehr gibt: Die Pleiaden sind ein offener Sternhaufen, der aus rund 1200 einzelnen Sternen besteht.

Vor allem für historisch interessierte Reisende sind die Pleiaden eine faszinierende Urlaubsdestination. Denn aufgrund ihrer guten Sichtbarkeit von der Erde aus spielen sie eine gigantische Rolle in verschiedensten Kulturen und in der Entwicklung der Astronomie. Eine große Eingangstafel begrüßt Pleiadenurlauber mit dem Namen des Sternhaufens in verschiedenen Sprachen und ihrer jeweiligen kulturellen Bedeutung: In der Sprache der Maori heißen sie Matariki, was so viel bedeutet wie »kleine Augen«, und werden zur Festlegung des Neujahrsfestes genutzt. Auf Türkisch wird der Sternhaufen Ülker benannt, was sich auf eine militärische Formation bezieht. Und für die alten germanischen und nordischen Völker waren sie die Hennen der Göttin Freya. Doch nicht nur Mythologieenthusiasten kommen hier auf ihre Kosten. Die Pleiaden spielten auch

eine gewichtige Rolle bei der Navigation mithilfe des Sternhimmels. Ein berühmtes Beispiel ist die Himmelsscheibe von Nebra, die 1999 in Sachsen-Anhalt von Grabräubern entdeckt wurde und die vermutlich knapp 4000 Jahre alt ist. Auf der Bronzeplatte ist mit Gold eine Darstellung verschiedener Himmelskörper und der Pleiaden angebracht. Ihre Funktion ist noch nicht ganz geklärt, es wird jedoch von einigen vermutet, dass man mithilfe der Himmelsscheibe und dem Brocken, dem höchsten Berg des Harz, am Horizont den Zeitpunkt der Sommersonnenwende bestimmen konnte. Viele Weltraumtouristen aus Sachsen-Anhalt haben sich bereits enttäuscht

gezeigt, dass der Brocken umgekehrt von den Pleiaden aus leider nicht zu sehen ist.

Der Sternenhaufen ist mit einem geschätzten Alter von 125 Millionen Jahren noch relativ jung, wenn man bedenkt, dass der durchschnittliche Stern ungefähr 10 Milliarden Jahre lang existiert. Die Pleiaden sind wohl aus einem gigantischen Gasnebel entstanden, der nach und nach in sich zusammengefallen ist und aus dessen verdichtetem Gas dann die 1200 funkelnden Schwestersterne wurden. Eine Rundreise durch den Pleiaden-Haufen bietet also die Möglichkeit, die Entwicklung junger Sterne live und in Farbe mitzuverfolgen!

Stern-Babysitting im Orionnebel

In nur 1350 Lichtjahren Entfernung können Urlauber den prachtvollen Orionnebel besichtigen. Eine Reise hierhin lässt sich gut mit einem Besuch der Pleiaden verbinden, da beide unterschiedliche Entwicklungsstufen des Entstehungsprozesses von Sternhaufen waren. Während die Pleiaden bereits ein voll entwickelter Sternencluster sind, können im Orionnebel noch die riesigen und farbenfrohen Gaswolken besichtigt werden, aus denen später einmal viele junge Babysterne entstehen werden. Wer durch die dichten Nebelschwaden aus Wasserstoff reist, entdeckt an jeder Ecke einen gerade »neu geborenen« kleinen Stern. Denn nichts anderes sind Sterne: genügend Wasserstoff, der so stark komprimiert ist, dass ein stellarer Fusionsprozess beginnen kann.

Für Familien mit Kindern finden sich daher im Orionnebel überall zertifizierte Sternenspielplätze, auf denen die Kleinen dann mit Schaufeln und Eimern selbst mit Wasserstoff herumhantieren können. Die Eltern können in der Zeit beim Blick auf die funkelnden Nebelvorhänge und einem Gläschen Wein entspannen und unbesorgt sein: Einen wirklichen Fusionsprozess werden die Kinder mit ihren Schäufelchen voller Wasserstoff nicht auslösen können, denn hierfür benötigt man Temperaturen von mehreren Millionen Grad und eine Dichte, wie sie etwa im Inneren unserer Sonne vorherrscht.

Von besonderem Interesse ist der Stern Theta[1] Orionis C1. Dieser Blaue Riese stellt die Energiequelle für den gesamten Orionnebel dar. Er ist 34-mal schwerer als unsere Sonne und erzeugt gigantische Mengen von ultravioletter Strahlung, durch die er die Wasserstoffwolken mit Energie versorgt und zum Leuchten bringt – ein Prozess,

GEHEIMTIPP

Wer die Besucherscharen des populären Orionnebel scheut und die Schönheit von galaktischen Nebeln und Sternentstehungsgebieten lieber etwas abgeschiedener bewundern möchte, kann den benachbarten De Mairans Nebel anvisieren. Dieser ist wesentlich weniger frequentiert als der Orionnebel, bietet aber dieselben Attraktionen: prächtige bunte Nebel mit gerade erst entstandenen Babysonnen und mit NU Orionis einen zentralen Stern als Energieversorger. In gewisser Hinsicht also ein Zwilling des Orionnebels, dessen Vorzüge für den Massentourismus aber glücklicherweise noch eher nebulös sind.

den man als Ionisierung bezeichnet. Theta[1] Orionis C1 ist also das pulsierende Herz des gesamten Orionnebels. Touristen, die gern am Puls der Zeit wohnen und die Energie des Urlaubsorts spüren wollen, sollten sich also ein Hotel an diesem Ort nehmen. Der Blick von der Dachterrasse auf den blauen, vor Energie anschwellenden Stern und die prächtigen, ionisierten Nebel am Horizont mit all den funkelnden, kleinen Sternchen, die sich in ihnen verbergen, ist ein wahrhaft einmaliges Erlebnis. Und wer sich mit seiner Reise noch etwas gedulden kann, kann in Zukunft Zeuge eines im wahrsten Sinne des Wortes bombastischen Ereignisses werden: Theta[1] Orionis C1 wird in einigen Millionen Jahren in einer Supernova explodieren!

Der Supernova auf der Spur: Urlaub im Krebsnebel

»Supernova, super Urlaub!« schallt es aus vielen irdischen Radios, wenn ein bekanntes Pauschalreise-Unternehmen seine Touren zum Krebsnebel anpreist. Wer diesen Überrest einer Sternenexplosion besucht, ist unseren Vorfahren dicht auf der Spur. Diese konnten nämlich im Jahr 1054 die Supernova am Himmel der Erde beobachten und hatten keinerlei Ahnung, was da gerade geschieht. Heute wissen wir: Wenn schwere Sterne am Ende ihres Fusionsprozesses angekommen sind, blähen sie sich zu einem Roten Riesen oder sogar Überriesen auf und stoßen

59

dann explosionsartig ihre Gashülle in den Weltraum ab. Das Fachwort für eine solche Explosion am Ende eines Sternenlebens: Supernova!

Obwohl die Supernova schon vor tausend Jahren auf der Erde zu beobachten war (und das eigentliche Ereignis noch länger her ist, da das Licht immer eine gewisse Zeit benötigt, um die Erde zu erreichen), können die Überreste der Explosion heute noch in beeindruckender Weise besichtigt werden. Geführte Touren führen Reisende von den äußeren Schichten des Nebels bis zum Kern und Ursprung der Explosion: einem unfassbar schnell rotierenden Neutronenstern, der den Krebsnebel mit Energie versorgt und ionisiert. Dieser Neutronenstern ist der verdichtete Überrest des nun explodierten Riesensterns, der sich einstmals dort befand, wo der Krebsnebel heute ist. Findige Betreiber von Fahrgeschäften haben vor Ort Schiffschaukeln und Karusselle installiert und nutzen eine faszinierende Eigenschaft dieses Neutronensterns aus: Er dreht sich innerhalb einer Sekunde 33-mal um sich selbst! An dieser Stelle wird allerdings von der Benutzung dieser an die Geschwindigkeit des Sterns angepassten Fahrgeschäfte abgeraten. Akute Erbrechungsgefahr!

Wer die Außenbereiche des Krebsnebels erkunden möchte, muss flink unterwegs sein: Er dehnt sich noch heute mit 1500 Kilometern pro Sekunde aus! Und das, obwohl die eigentliche Explosion schon lange zurückliegt. Ein beeindruckendes Beispiel dafür, wie viel Energie eine Supernova freisetzt und wie lange ein solches Ereignis fortwirken kann. Viele Fakten über das Phänomen Supernova bietet eine interaktive Ausstellung in den Außenbereichen des Nebels, die Reisende sich keinesfalls entgehen lassen sollten. Dort erfährt man beispielsweise, dass die Supernova eines einzelnen Sterns derart heftig und hell sein kann, dass sie die gesamte Galaxie überstrahlt. Mit anderen Worten: Ein explodierender Stern wird heller als die Gesamtheit von Milliarden anderen Sternen.

Wer lieber nicht so weit reisen möchte und gemütlich von der Erde aus auf die nächste sichtbare Supernova warten will, muss sich eventuell noch etwas gedulden: Bei einer durchschnittlichen menschlichen Lebensdauer von 80 Jahren und einer durchschnittlichen Sternenexistenzdauer von mehreren Millionen bis Milliarden Jahren ist es nicht alltäglich, dass man von der Erde eine Supernova bestaunen kann. Mögliche Kandidaten für baldige Explosionen sind die Sterne Beteigeuze, Antares und Eta Carina. »Bald« in Sternenverhältnissen kann allerdings noch einige Jahrtausende bedeuten. Ein kleiner Trost für alle Daheimgebliebenen auf der Erde: Einige der Sterne, die wir am Himmel betrachten, sind schon längst explodiert, das Licht ist nur noch nicht bei uns angekommen. Die Supernova ist also da, nur noch nicht zu sehen. Mit ganz viel Fantasie kann man sich am Nachthimmel also eine Sternenexplosion herbeidenken!

6

DAS GALAKTISCHE ZENTRUM: IM BANN DES SCHWARZEN LOCHS

Ein Besuch beim König der Sterne UY Scuti

Jeder hat Bekannte, die mit ihren angeblich phänomenalen Urlaubsreisen protzen: »Am Basislager des K2 war ja wieder die Hölle los!«, »So ein 4-Sterne-Dinner im Haifischkäfig müsst ihr UNBEDINGT auch mal machen!«, »Saint-Tropez ist uns ja mittlerweile einfach zu mainstreamig!« und so weiter. Wie wäre es, diesen Bekannten mal so richtig die Sprache zu verschlagen mit Berichten von einer eigenen unschlagbaren Urlaubsreise? Und was käme da eher infrage als das gigantischste und beeindruckenste Reiseziel überhaupt in unserer Galaxis: der Stern UY Scuti?

UY Scuti gilt als der größte bekannte Stern überhaupt. Die Beschreibungen in Reiseprospekten können gar nicht in Worte fassen, welche gigantischen Ausmaße dieser Riese besitzt: Sein Volumen ist 5 Milliarden mal höher als das der Sonne, seine Größe übersteigt die unseres Sterns um das 1700-Fache, und würde man UY Scuti in unserem Sonnensystem platzieren, würde er alle Planeten bis einschließlich Jupiter verschlucken.

Wer seinen Urlaub im UY-Scuti-System verbringen möchte, sollte also einiges an Zeit einplanen. Denn den Stern gänzlich zu umrunden erfordert einiges an Durchhaltevermögen. Mit Lichtgeschwindigkeit dauert eine Umrundung sieben Stunden, bei unserer Sonne wären es lediglich 14,5 Sekunden. Einige Besucher waren von der Größe des Sterns gar so spirituell überwältigt, dass sie einen Pilgerweg um ihn herum angelegt haben, den Camino de Scuti. Jeder kennt wohl den Bestseller eines bekannten deutschen Komikers mit dem Titel »Ich bin dann mal weg II – Meine Reise zum größten Stern der Galaxis«, in dem seine Erlebnisse auf dem Weg um den Riesenstern geschildert werden.

Achten Sie beim Besuch unbedingt auf die richtige Reisezeit! UY Scuti spuckt in unregelmäßigen Abständen Teile seiner Gashülle in den Weltraum und ist daher zeitweise von dichten Wolken

umgeben, die das stellare Panorama trüben können. Dieses Ausspucken von Gas ist eine Eigenheit, die UY Scuti mit vielen Roten Riesensternen teilt. Teilweise kann das sogar dazu führen, dass Sterne vom irdischen Nachthimmel nicht mehr gut zu beobachten sind, da sie von einer dichten Wolke eingenebelt sind. So geschah es im Jahr 2020 mit dem Riesenstern Beteigeuze, der vorher von der Erde aus auf Platz 6 der hellsten Objekte am Nachthimmel stand und sich dann so sehr in dichte Gasnebel einhüllte, dass er auf Platz 21 rutschte.

Wichtiger Tipp: Schließen sie unbedingt eine Reiseversicherung ab, bevor sie zu UY Scuti reisen. Der Riesenstern befindet sich in der Endphase seiner stellaren Existenz, und es ist nicht genau abschätzbar, wann er zu einer Supernova (oder sogar Hypernova) wird. Er fusioniert bereits schwerere Elemente als Wasserstoff und ist somit in einer der späten Phasen des sogenannten Schalenbrennens angelangt. Am Ende steht dann das explosionsartige Abstoßen seiner Hülle und eine Energiefreisetzung von ungeahntem Ausmaß. Mit einer der mittlerweile zahlreichen angebotenen galaktischen Reiseversicherungen sind Ihre Angehörigen im Falle einer Supernova super

62

Nicht verpassen:

Wer von Roten Riesensternen nicht genug bekommen kann, sollte auch den Giganten Stephenson 2-18 besuchen. Einige Ihrer Angeberfreunde werden vielleicht sogar versuchen wollen, Ihnen Ihre Reise nach UY Scuti madig zu machen, indem sie behaupten, Stephenson 2-18 sei in Wahrheit noch größer. Tatsächlich ist noch nicht ganz klar, welcher der beiden Schwergewichte wirklich der größte bekannte Stern ist. Da solch große Sterne stark pulsieren, kann es sogar sein, dass mal UY Scuti und mal Stephenson 2-18 größer ist. Um auf Nummer sicher zu gehen, sollten Sie also beide Sterne besuchen!

abgesichert!

Ferien jenseits des Ereignishorizonts: Das Schwarze Loch Sagittarius A*

Dieses Ferienparadies zieht Touristen in seinen Bann! Im Zentrum unserer Milchstraße lauert ein supermassives Schwarzes Loch mit dem Namen Sagittarius A*. Wenn man den Erfahrungsberichten von Besuchern in einschlägigen Online-Bewertungsportalen trauen kann, lohnt sich eine Reise unbedingt. »Ich kam an und konnte mich gar nicht mehr losreißen!«, heißt es da. Oder: »Der einzige Urlaub bisher, in dem sich das Schwarze Loch nicht nur in meiner Geldbörse befand!«. Doch was macht Sagittarius A* so faszinierend? Schwarze Löcher galten lange Zeit als die Bösewichte des Universums. Immerhin besitzen die meisten von ihnen eine derart massive Schwerkraft, dass sich in einem großen Umkreis kein Objekt entziehen kann: Planeten, Sterne, Staub, Gas und sogar das Licht – all das wird in Richtung Zentrum eines Schwarzen Lochs gesogen. Dort befindet sich ein unfassbar verdichteter kleiner Punkt, eine sogenannte Singularität. Diese Singularität besitzt eine derart große Masse und Dichte, dass in einem gewissen Einzugsbereich sogar das Licht nicht mehr entkommen kann. Wie fachkundige Guides unter beeindruckten Blicken gerade der Kinder im Gebiet von Sagittarius A* den Besuchern erklären, könnten theoretisch alle Objekte zu einem Schwarzen Loch werden, wenn man sie nur genügend verdichtet. Um unsere Erde zu einem lichtverschluckenden Loch zu machen, müsste man sie beispielsweise auf 8,7 Millimeter zusammenquetschen – dann wäre sie ein sehr kleines Schwarzes Loch und hätte in einem winzigen Bereich genügend Schwerkraft, um das Licht zu verschlucken.

Sagittarius A* gehört aber nicht zu den kleinen Vertretern seiner Art, sondern zu den ganz großen: den sogenannten supermassiven Schwarzen Löchern. Diese befinden sich im Zentrum

64

fast jeder Galaxis und helfen mit ihrer Gravitation, die Sterne der Galaxien zusammenzuhalten. An Sagittarius A* führt also kein Weg vorbei, wenn man in unserer Milchstraße ein supermassives Schwarzes Loch besichtigen möchte. Was heißt »supermassiv« nun genau? Sagittarius A* besitzt ein unfassbares Gewicht von 4,3 Millionen Sonnenmassen. Diesen Umstand haben sich mehrere Fitnessstudios und Schlankheitskuranbieter zunutze gemacht und bieten für mit ihrem Körpergewicht unzufriedene Touristen in der Nähe des Schwarzen Lochs Abnehmkurse an. Ob Sie einen dieser Kurse mit eingängigen Slogans wie »Zieht deine Gravitation bereits das Licht an? Werde jetzt super-unmassiv!« in Anspruch nehmen, müssen Sie selbst entscheiden.

Eine Attraktion bleibt nur sehr mutigen Reisenden vorbehalten: sich so nah an Sagittarius A* heranzuwagen, dass man in sein Zentrum gesogen wird. Die magische Grenze, die nur wirklich entschlossene Touristen überschreiten sollten, nennt sich Ereignishorizont. Dies ist der Bereich, hinter dem sogar das Licht der Schwerkraft des Schwarzen Lochs nicht mehr entkommen kann. Und wohin führt die Reise in das gravitative Zentrum eines Schwarzen Lochs? Darüber existieren in Online-Foren nur verschwommene Reiseberichte. Alle haben gemeinsam, dass sie einen Prozess namens Spaghettisierung beschreiben. Eingesogene Objekte werden von der Schwerkraft des Schwarzen Lochs erfasst und bewegen sich mit einer ungeheuren Geschwindigkeit.

Hierdurch entstehen sogenannte Gezeitenkräfte. Angezogene Objekte werden daher in die Länge gestreckt und zu einer Art Weltraumspaghetti. Wer den eigenen Erfahrungshorizont derart in die Länge strecken will, kann den Ereignishorizont auf eigene Gefahr überschreiten. Und vielleicht sind ja sogar die wenigen Reiseberichte derer wahr, die es bis jenseits des Ereignishorizonts und wieder heraus geschafft und von Reisen durch die Zeit berichtet haben. Einige wenig vertrauenserweckende Extremtouristen berichten in Interviews sogar, dass sie nach der Reise durchs Schwarze Loch aus einem sogenannten Weißen Loch an einem ganz anderen Punkt in Raum und Zeit wieder herausgekommen wären.*

---

* Haftungshinweis: Die große Mehrheit der Wissenschaftler rät dringend von Ausflügen in ein Schwarzes Loch ab und geht davon aus, dass eine Reise dorthin zwangsläufig mit dem Ende der eigenen Existenz einhergeht und man nirgendwo wieder herauskommt, sondern Teil der Singularität wird. Jegliche Haftung für Spaghettisierungsunfälle oder die Beendigung der eigenen Existenz in einer den Gesetzen der Physik widersprechenden Singularität wird hiermit ausgeschlossen.

AUF ZU FREMDEN UFERN:

FERNE GALAXIEN

Sicherlich kennen Sie das auch: Sie haben ein traumhaftes Hotel gebucht und stellen dann während des Urlaubs fest: So traumhaft war das trübe Wasser im Swimmingpool dann doch nicht. Oder die welken Salatblätter im Frühstücksbuffet. Vom tollpatschigen Zimmerservice ganz zu schweigen … dann muss es eben nächstes Mal ein 5-Sterne-Hotel statt eines 4-Sterne-Hotels sein.

Für Weltraumtouristen gibt es hierbei keine Grenze nach oben. Wem die 200-Milliarden-Sterne-Milchstraße nicht luxuriös genug war, der nimmt eben ein Upgrade vor – beispielsweise auf die 1-Billion-Sterne-Andromeda-Galaxie! Denn unsere Milchstraße ist nur eine von schätzungsweise 500 Milliarden bis 1 Billion Galaxien im gesamten Universum! Jede davon ist eine unvorstellbar riesige Sterneninsel, die meist mehrere Milliarden Sonnen beinhaltet. Und Planeten. Und Monde. Und Zwergplaneten. Die Reisemöglichkeiten sind im wahrsten Sinne des Wortes unendlich!

Auch wer auf weniger glamouröse Reisen steht und nichts auf eine hohe Sternebewertung gibt, wird in den Weiten des Kosmos fündig: Kleine Zwerggalaxien wie die Magellanschen Wolken bestehen nur aus wenigen Millionen Sternen und bieten ein urtümliches Urlaubserlebnis für kosmische Backpacker. Wieder andere Galaxien sprengen unsere Vorstellungskraft völlig und lassen die Milchstraße wie ein winziges Staubkorn erscheinen. Wer diese galaktischen Titanen besichtigen möchte, hat eine lange Reise vor sich – wird aber mit dem Anblick der schwersten und gewaltigsten Schwarzen Löcher des Universums belohnt.

Welche fremde Galaxie Sie für Ihren nächsten Sterneurlaub auswählen sollten, hängt auch davon ab, ob sie lange Anreisewege in Kauf nehmen möchten. Die meisten Galaxien sind nämlich eher umständlich zu erreichen, da der Kosmos unpraktischerweise expandiert. Mit jeder Sekunde, die sie zögern, Ihren Urlaub zu buchen, bewegen sich diese Sterneninseln von uns weg. Sie können sich den Weltraum wie eine Art kosmischen Rosinenkuchen vorstellen: Im Ofen geht der Teig auf, und die Rosinen bewegen sich voneinander weg. Der Kosmos dehnt sich aus, und die Galaxien bewegen sich voneinander weg. Manche von der Tourismus-Lobby unternommenen Versuche, staatliche Gelder zur Verlangsamung der kosmischen Expansion lockerzumachen, scheiterten kläglich.

Einige wenige Galaxien sind allerdings besonders einfach zu erreichen und eignen sich daher hervorragend für einen Wochenendausflug mit Kind und Kegel. Zu nennen ist hier vor allem die Andromedagalaxie, die sich sogar auf die Milchstraße zubewegt. Diese Galaxien befinden sich so nah an unserer Milchstraße, dass die gegenseitige Schwerkraft die Expansion des Kosmos überwiegt und so zu einer galaktischen Annäherung führt.

Für welche Galaxie Sie sich auch immer entscheiden – Sie können sich sicher sein, dass die hohen Sternebewertungen allesamt gerechtfertigt sind!

68

7

DIE BEGLEITER DER MILCHSTRASSE: RIESENSPASS IN ZWERGGALAXIEN

Ein Wochenend-Trip in die Magellanschen Wolken

Sie haben nur noch ein paar Urlaubstage und daher keine Zeit, eine ganze Galaxie zu erkunden? Dann versuchen Sie doch mal einen Kurztrip in eine Zwerggalaxie! In einer angenehm zurückzulegenden Entfernung von nur 163 000 Lichtjahren von unserer Milchstraße entfernt liegen die Magellanschen Wolken. Diese kleinen Zwerggalaxien sind durch ihre Schwerkraft an die Milchstraße gebunden und daher treue Begleiter unserer Heimatgalaxis – perfekt also für einen Wochenendausflug, bei dem man ein beeindruckendes Panorama der Milchstraße von außen genießen und den Stress des Alltags hinter sich lassen kann.

Die Anreise erfolgt üblicherweise auf dem sogenannten Magellanschen Strom. Es handelt sich hierbei um ein Band aus Wasserstoff, das die beiden Zwerggalaxien mit der Milchstraße verbindet – wie eine Art Nabelschnur oder eben eine Autobahn. Wer zwischen den beiden Magellanschen Wolken reisen möchte, nutzt dafür die Magellan-

sche Brücke, ein kleiners Wasserstoffband, das die beiden Zwerge verknüpft. Diese riesigen Wasserstoffbänder sind wohl durch Auswirkungen der Schwerkraft der Galaxien entstanden, da diese sich gegenseitig anziehen und dann Material in Form von Wasserstoff auseinander herausreißen. Die Große Magellansche Wolke besteht aus lediglich 15 Milliarden Sternen, die Kleine Magellansche Wolke aus 5 Milliarden. Es kann also sein, dass sie trotz kurzer Reisezeit schnell mit allen Attraktionen durch sind. Unbedingt besuchenswert ist der sogenannte Tarantelnebel, eine derart große Ansammlung von interstellarem Gas, dass er sogar von der Erde aus mit Amateurteleskopen sehr gut sichtbar ist. Die Tatsache, dass der Tarantelnebel von der Erde aus gesehen im Sternbild Schwertfisch (Dorado) liegt, hat zur Ansiedlung von fragwürdigen Touri-Restaurants geführt, die angeblich frischen Fisch servieren. Dies erscheint aufgrund des einige Lichtjahre langen Lieferweges zweifelhaft. Der Tarantelnebel ist eines der aktivsten und größten Sternentstehungsgebiete in der Lokalen Gruppe – die Ansammlung von durch

Schwerkraft aneinander gebundenen Galaxien, zu der auch unsere Milchstraße gehört.

Wer sich auf die Suche nach einem supermassiven Schwarzen Loch im Zentrum der beiden Zwerggalaxien macht, könnte enttäuscht werden. Bisher wurde noch kein solches gefunden, was darauf schließen lässt, dass supermassive Schwarze Löcher ein Phänomen sind, das wohl eher im Kern normal großer Galaxien vorzufinden ist.

Auf den Hund gekommen: Urlaub in der Canis-Major-Zwerggalaxie

Die Zwerggalaxie Canis Major (»Großer Hund«) ist eine noch relativ unerforschte Begleitzwerggalaxie der Milchstraße und wurde erst im Jahr 2003 entdeckt. Das verwundert zunächst, denn mit einer Entfernung von 42 000 Lichtjahren zum Zentrum der Milchstraße ist sie tatsächlich die nächste Nachbarzwerggalaxie der Milchstraße. Wer eine Reise in eine Zwerggalaxie plant und seinen Urlaubsort vorher bereits mit dem Teleskop betrachten möchte, versteht diesen scheinbar paradoxen Umstand: Von der Erde aus gesehen ist es schwer zu unterscheiden, welche Objekte am Himmel noch zu unserer Galaxis gehören und welche sich vielleicht schon in einer Zwerggalaxie befinden. Wer es nicht besser weiß, könnte meinen, der ganze Himmel gehöre zusammen. Erst der Astronom Edwin Hubble konnte im Jahr 1923 nachweisen, dass beispielsweise Andromeda eine eigenständige Galaxie außerhalb der Milchstraße ist.

Eine Reise könnte sich vor allem für Touristen anbieten, die sich in den Annalen der Wissenschaft verewigen wollen. Denn um die Canis-Major-Zwerggalaxie tobt ein heftiger astronomischer Disput: Einige Forscher behaupten, dass es sich bei Canis Major gar nicht um eine eigene Galaxie handelt, sondern um eine Art Auswuchs der Milchstraße. Tatsächlich ist dies oftmals schwer feststellbar, da viele Zwerggalaxien in einem gravitativen Austausch von Gas und Staub mit der

GEHEIMTIPP

Wie wäre es zum nächsten Halloween mit einem Ausflug in die Magellanschen Wolken statt einem Gruselfilmabend zu Hause? In der Großen Magellanschen Wolke befindet sich der sogenannte Geisterkopfnebel – ein Gasnebel, der zwei große Blasen aus Sauer- und Wasserstoff enthält, die wie die leeren und dämonischen Augen eines Geistes wirken. Gruselfaktor garantiert!

Milchstraße stehen. Empfehlenswert sind die angebotenen Rundfahrten durch die von Wasserstoff und einsamen Sternen bevölkerte Grenzregion zwischen Milchstraße und Canis Major. Zwerggalaxie oder galaktisches Anhängsel? Machen Sie sich selbst ein Bild!

Wer auf Urlaub abseits ausgetretener Pfade steht, ist in der noch nicht lang entdeckten Canis-Major-Zwerggalaxie genau richtig. Noch ein Umstand macht einen Urlaub hier attraktiv: Vom Zentrum der Milchstraße ist die Zwerggalaxie zwar 42000 Lichtjahre entfernt, von unserem Sonnensystem, das sich am Rande der Milchstraße befindet, aber nur entspannte 25000 Lichtjahre. Unser Sonnensystem liegt damit näher an der Canis-Major-Zwerggalaxie als am Zentrum der Milchstraße, von dem wir knapp 27000 Lichtjahre entfernt sind. Ein Katzensprung also!

Besonders sehenswert ist eine überdurchschnittlich Population von Roten Riesen in der Canis-Major-Zwerggalaxie. In gewisser Hinsicht ist sie eine Art stellares Altenheim, gefüllt mit Sonnen, die kurz vor ihrem Ende in einer Explosion oder Implosion stehen. Weshalb es gerade hier so viele Rote Riesen gibt, ist ein galaktisches Rätsel. Der Anblick derart vieler pulsierender Roter Riesen, von denen jeder sekündlich seine Gashülle abschleudern könnte, ist einmalig. Buchen Sie eine Sternensafari und observieren Sie die stellaren Rentner aus nächster Nähe!

8

DIE ANDROMEDAGALAXIE: DAS TOR ZUM WELTRAUM

Auf gute Nachbarschaft: Ein Urlaub in Andromeda

Sie haben bereits die ganze Milchstraße erforscht? Und auch deren Begleitzwerggalaxien kennen Sie wie Ihre Westentasche? Dann wird es Zeit für eine Reise in die Andromedagalaxie!! Von den Zwerggalaxien abgesehen ist sie die nächste Galaxie an unserer Milchstraße und daher unsere Nachbarsterninsel. Viele bezeichnen sie auch als unsere Schwestergalaxie, denn es bestehen zahlreiche Ähnlichkeiten: Sowohl Milchstraße als auch Andromeda sind sogenannte Spiralgalaxien mit einem dichten Sternenkern und davon ausgehenden Spiralarmen, in denen sich interstellares Gas und viele Sterne befinden – wenn auch wesentlich weniger als im Kern. Beide Galaxien ziehen sich durch ihre Schwerkraft an, werden in einigen Milliarden Jahren miteinander kollidieren und dann zu einer gemeinsamen Sterneninsel verschmelzen. Zur Einstimmung auf Ihren Urlaub in Andromeda können Sie bei einem der vielen Wettbewerbe zur Findung eines

Namens für die dann neu entstehende Galaxie mitmachen. Derzeitiger Favorit: Milkomeda.

Planen Sie viel Zeit für Ihre Reise nach Andromeda ein, denn sie besteht nach neuesten Schätzungen aus bis zu einer Billion Sterne, ist also größer als unsere Milchstraße. Und ebenso wie in unserer Galaxis rotieren um die meisten Sterne verschiedenste Himmelskörper. Hier erwartet Sie also Sternen-Hopping mit nahezu unendlichen Variationsmöglichkeiten. Wen die potenziellen Reisemöglichkeiten überfordern, der kann eine bereits organisierte Bed-and-Breakfast-Reise buchen, die Touristen zu den interessantesten Ecken der Galaxie führt und keinerlei Planungsaufwand erfordert. Viele dieser organisierten Touren stehen unter dem thematischen Motto der Suche nach außerirdischem Leben. Denn bei so vielen noch nicht erforschten Sternsystemen machen sich nicht wenige Reisende die Hoffnung, vielleicht irgendwo Alien-Lebensformen anzutreffen. Obwohl dies bisher noch nicht gelang, stehen die Chancen tatsächlich

nicht schlecht: Wenn jeder der ein Billion Sterne im Durchschnitt nur zwei Planeten besäße, gäbe es zwei Billionen Orte, an denen außerirdisches Leben existieren könnte. Wie fachkundige Guides zu Bedenken geben, steigen die Chancen auch noch weiter, da fremde Lebensformen nicht zwingend irdische Bedingungen zum Gedeihen bräuchten. Es könnte sogar völlig unbekannte Alien-Lebewesen auf Eis- oder Lavaplaneten geben. Momentan versuchen zahlreiche Umweltverbände daher, die gesamte Andromedagalaxie provisorisch zum galaktischen Naturschutzgebiet zu erklären, in dem Tourismus dann stark beschränkt wäre. Nutzen Sie Ihre Chance, so lange es noch geht, und machen Sie sich auf die Suche nach extraterrestrischen Lebensformen.

Denn wie ein beliebtes Postkartenmotiv aus der Andromedagalaxie sagt: »Nicht umsonst zeigen die Teleskope bei der Suche nach intelligentem Leben im All immer von der Erde weg.« Schwarze-Loch-Veteranen und Schwerkraft-Junkies kommen in der Andromedagalaxie voll auf ihre Kosten. Auch in deren Zentrum befindet sich nämlich ein supermassives Schwarzes Loch, das Sagittarius A* in der Mitte der Milchstraße alt aussehen lässt. Es besitzt 140 Millionen Sonnenmassen und ist somit knapp 30-mal schwerer als Sagittarius A*. Besucher sollten also höchste Vorsicht walten lassen: Auch das Ausmaß der Raumzeitkrümmung und der Einzugsbereich des Schwarzen Lochs sind also erheblich massiver. Ein Erfahrungsbericht in einem bekannten Reisemagazin

GEHEIMTIPP

Hallo Halo! Die meisten Galaxien sind von gigantischen Sphären aus Staub und Gas umgeben, sogenannte Halos. Diese Halos können äußerst riesige Ausmaße annehmen und sind um ein Vielfaches größer als die Galaxien selbst. Der Halo der Andromedagalaxie etwa besitzt einen unvorstellbaren Durchmesser von 1,3 Millionen Lichtjahren. Einige Forscher behaupten nun sogar, dass die Halos von Milchstraße und Andromeda sich bereits berühren und damit ihre galaktische Kollision eigentlich schon begonnen hat. Wer sich in das leere und unbekannte Niemandsland zwischen den beiden Galaxien wagt, kann den Halos Hallo sagen und vielleicht erster Zeuge der Galaxienkollision werden!

Dreieckstour in der Dreiecksgalaxie

zeigt, was die Konsequenz von unachtsamem Verhalten sein kann: Vor einiger Zeit verbrachte eine Familie aus Köln ihre Sommerferien im Zentrum der Andromedagalaxie. Der Vater wollte am nicht weit entfernten Büdchen ein Eis für die Kinder holen, überschritt leichtsinnigerweise dabei die Absperrung zum Schwarzen Loch und geriet in dessen raumzeitkrümmenden Sog. Als er mit dem Eis zurückkam, waren für seine Kinder, die nun älter waren als er selbst, 20 Jahre vergangen und für ihn nur 20 Minuten. Wenn man dem Bericht trauen darf, soll das Eis zudem auch nicht besonders lecker gewesen sein. Hüten Sie sich vor der verheerenden Wirkung der Schwerkraft!

Im Dreieck springen in der Dreiecksgalaxie

»Unterstütze deine lokalen Geschäfte!« fordern in den vergangenen Jahren viele Bürgerinitiativen. Für Weltraumtouristen ist das ein leichtes Unterfangen: Unsere Milchstraße, die Andromedagalaxie und noch einige kleinere Sterneninseln gehören zur sogenannten Lokalen Gruppe – eine Ansammlung von Galaxien, die durch ihre Schwerkraft miteinander verbunden sind. Wer im Urlaub gern lokal bleiben möchte und die Milchstraße und die Andromedagalaxie bereits bereist hat, könnte eine Reise in den Dreiecksnebel in

Betracht ziehen, die drittgrößte Galaxie unserer Lokalen Gruppe.

Der Dreiecksnebel ist mit 40 Milliarden Sternen zwar zu groß, um als Zwerggalaxie klassifiziert zu werden, ist aber wohl dennoch eine Begleitgalaxie der wesentlich größeren Andromeda. Wer wirklich viel Reisezeit besitzt, kann also nach einer Erkundungstour durch die Andromedagalaxie noch einen Erholungsurlaub im Dreiecksnebel anhängen. Besonders populär sind die Raumschifftouren zu den »Drei Ecken des Dreiecksnebels«, deren Bezeichnung aber nicht zu wörtlich genommen werden sollte. Der Dreiecksnebel erhielt seinen Namen aufgrund des kleinen Sternbilds »Dreieck«, in dessen Richtung er von der Erde aus zu sehen ist. Seine Form erinnert hingegen keineswegs an ein Dreieck, vielmehr ist er eine Spiralgalaxie wie die Milchstraße. Die genannten Touren führen Reisende daher nicht zu drei geometrischen Ecken der Galaxie, sondern vielmehr zu den drei interessantesten Attraktionen: dem Schwarzen Loch M33 X-7, der Sternentstehungsregion NGC 604 und der Pisces-Zwerggalaxie.

»Schon wieder ein Schwarzes Loch?«, mag sich manch erfahrener Weltraumtourist denken, der bereits in den Bann der Schwerkraftungeheuer in der Milchstraße und der Andromedagalaxie gezogen wurde. Doch M33 X-7 ist etwas ganz Besonderes: Es gilt als eines der schwersten Schwarzen Löcher, das aus einem einzelnen Stern entstanden ist. Im Gegensatz zu den supermassiven Schwarzen Löchern im Zentrum von Galaxien existieren auch stellare Schwarze Löcher, die entstehen, wenn wirklich schwere Sterne am Ende ihrer Existenz kollabieren. Die Restmasse eines solchen Sterns verdichtet sich so sehr, dass in einem gewissen Bereich das Licht verschluckt wird. M33 X-7 ist aus einem solchen Stern entstanden, ist also in gewisser Hinsicht der lichtverschluckende Geist einer ehemaligen Riesensonne. Es bringt ganze 16 Sonnenmassen auf die Waage und ist damit für ein stellares Schwarzes Loch ein echtes Schwergewicht.

Wer in einem Hotel in der Nähe von M33 X-7 absteigt und das Glück hat, ein Zimmer mit Ausblick zur richtigen Seite zu erwischen, wird aber noch mit dem Anblick einer weiteren galaktischen Sensation belohnt: M33 X-7 rotiert um einen Blauen Riesenstern. Blaue Riesensterne sind nicht nur um ein Vielfaches größer als die Sonne, sondern auch wesentlich heißer. Touristen können sich hier bei Temperaturen von über 30000 Grad sonnen, während sie den gravitativen Tanz des Schwarzen Lochs um den stellaren Riesen bewundern. Dieser wird nach und nach vom Schwarzen Loch in die Länge gestreckt. Einige der Hotels besitzen Dachterassen mit perfektem Blick auf das Spektakel und bieten »Spaghettisierungs-Dinner« an: ein leckeres Pasta-Gericht passend zur Spaghettisierung des Blauen Riesen. Buon appetito!

Das Sternentstehungsgebiet NGC 604 ist einer der aktivsten Sternenkindergärten in der gesamten Lokalen Gruppe. Ähnlich wie im Orionnebel in unserer Milchstraße bilden sich hier aus dichten Wasserstoffwolken Babysterne. Hier verbergen sich besonders viele blaue und heiße Sterne, was daraufhin deutet, dass es sich um ein noch sehr junges Sternentstehungsgebiet handelt.

Schließlich enden die meisten Touren durch die Dreiecksgalaxie in ihrer Begleitzwerggalaxie Pisces. Die Pisces-Zwerggalaxie ist ein beliebter Urlaubsort für Freigeister und Nonkonformisten, denn ihre Form ist chaotisch und lässt sich keiner der bekannten Bezeichnungen wie Spiralgalaxie oder Kugelgalaxie zuordnen. Man spricht in einem solchen Fall von einer irregulären Galaxie. Solche Galaxien haben ihre unstrukturierte und asymmetrische Form vermutlich durch eine Kollision mit anderen Galaxien erhalten, bei der die gesamte galaktische Struktur auseinandergerissen wird und sich danach in unförmiger Weise wieder zusammensetzt. Wer dem Spiralgalaxiemainstream entfliehen will, wird sich in dieser irregulären Zwerggalaxie also pudelwohl fühlen. Ansonsten wimmelt es hier nicht gerade vor Attraktionen – die Pisces-Zwerggalaxie ist nur 1700 Lichtjahre groß.

9

AUSSERHALB DER LOKALEN GRUPPE: BIS ZUR UNENDLICHKEIT UND NOCH VIEL WEITER

IC 1101:
Sich in der größten Galaxie des Kosmos verlieren

Es ist ein noch touristisch relativ unerschlossenes Feld, und nur wenige Anbieter besitzen die erforderliche Expertise hierfür: Reisen außerhalb der Lokalen Gruppe. Doch für wirklich abenteuerlustige Urlauber gibt es bereits Angebote für einige der spannendsten und spektakulärsten Galaxien des Weltraums, allen voran der Galaxie IC 1101. Dieses galaktische Monster gilt als die größte bekannte Galaxie des gesamten Kosmos. Ihre Anzahl von Sternsystemen liest sich unglaublich und weckt in jedem echten Weltraumabenteurer die Reiselust: 100 Billionen Sonnen gibt es in dieser Galaxie zu entdecken. Bereits die Zahl zu lesen dauert lange: 100 000 000 000 000. Damit ist IC 1101 500-mal sternenreicher als unsere Galaxis. Wie kann eine solche Monstergalaxie entstehen? Reisende sollten das Zentrum von IC 1101 ansteuern, um die Antwort zu erhalten.

In der Mitte von IC 1101 thront ein supermassives Schwarzes Loch mit einem Gewicht von bis zu 100 Milliarden Sonnenmassen – eines der schwersten Schwarzen Löcher im bekannten Universum. Die Besichtigung sollte nur aus sehr weiter Entfernung stattfinden! Besucher werden hier Zeuge des Ergebnisses eines erschreckenden Prozesses: sogenannte galaktische Kannibalisierung! Im Laufe der Zeit hat IC 1101 wohl immer wieder kleinere Galaxien aufgefressen und sich deren Sterne und Schwarze Löcher einverleibt. Ein grausamer Akt, der von den wenigen vor Ort tätigen Guides in aufwühlender Weise beschrieben wird. Achtung: Die Schilderungen könnten für mitreisende Kinder zu beängstigend sein!

Große Galaxien ziehen durch ihre immense Schwerkraft die kleineren Sterneninseln in ihrer

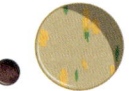

Umgebung an, wodurch sie einerseits ihre Masse an Sternen erhöhen und außerdem das Schwarze Loch in ihrem Zentrum füttern. Wenn sich zwei Schwarze Löcher treffen, verschmelzen sie nämlich zu einem noch schwereren Exemplar. Dieser Prozess ist derart heftig, dass sowohl Raum und Zeit zu wackeln beginnen. Man spricht dann von sogenannten Gravitationswellen. Diese Gravitationswellen sind zwar nicht mit dem bloßen Auge sichtbar, lassen sich aber dennoch als deutliche Veränderungen der Raumzeit messen. Mit sehr viel Glück kann man bei seinem Urlaub in IC 1101 Zeuge eines solchen Kannibalisierungsprozesses werden und live beobachten, wie das schwere Schwarze Loch einen kleineren Artgenossen verspeist. Wer die Erfahrung richtig auskosten will, mietet sich vor Ort ein spezielles Raumzeit-Surfbrett und reitet die perfekte Gravitationswelle! Tschakka!

Nicht nur für braun gebrannte Surferboys sind Gravitationswellen interessant, sondern auch für laborerprobte Wissenschaftler. Durch die Messung dieser Veränderungen der Raumzeit gelang im Jahr 2016 erst der definitive Beweis von Schwarzen Löchern – bis zu diesem Zeitpunkt war die Existenz Schwarzer Löcher zwar gemeinhin anerkannt, aber im Prinzip nur astrophysikalische Theorie.

Touristen, die ihre Zelte in IC 1101 aufschlagen, sollten unbedingt Ausflüge in den umliegenden Galaxienhaufen Abell 2029 unternehmen. Diese Gruppierung von Sterneninseln ist ein natürliches Habitat, das in seiner jetzigen unberührten Form wohl nicht mehr lange zu besichtigen sein wird. Denn durch die ungeheure Schwerkraft von IC 1101 werden auch die noch verbliebenen Galaxien des Abell-2029-Haufens bald zerfetzt und Teil der Riesengalaxie werden. Nutzen Sie eine der letzten Chancen, dieses gefährdete Galaxienhabitat noch zu erleben!

All-inclusive-Urlaub in der Whirlpool-Galaxie

So ein Abenteuerurlaub hat sicherlich seine Vorteile. Jeden Tag bricht man auf zu neuen Orten und erkundet beeindruckende Natur- oder Kulturattraktionen im Minutentakt. Man verausgabt sich und erweitert dadurch den eigenen Horizont. Manchmal muss es aber auch einfach ein reiner Erholungsurlaub sein. Keine Action, keine Wandertouren, kein Kulturprogramm – einfach nur im Pool entspannen und allenfalls noch den Weg zur Cocktailbar auf sich nehmen. Wer dringend eine solch entspannende All-inclusive-Reise nötig hat, wird sein Glück in der Whirlpool-Galaxie finden!

Der Name ist Programm: Diese Sterneninsel sieht von außen betrachtet aus wie ein gigantischer Whirlpool, in dessen Innerem sich allerdings keine Wasserströme drehen, sondern sich Milliarden Sterne strudelartig um ein leuchten-

des, helles Zentrum anordnen. Die Whirlpool-Galaxie ist mit ihrer Form eine archetypische Spiralgalaxie. Die allermeisten Galaxien im Weltraum sind spiralförmig, die Whirlpool-Galaxie beeindruckt aber durch eine besonders schöne und symmetrische Strudelform. Touristen wissen also bereits bei der Anreise, was sie in dieser Galaxie erwarten wird, wenn sie aus dem Fenster der Rakete die Whirlpool-Form bestaunen: ein Bad in einem Meer aus Sternen und vielleicht ein leckeres Getränk in einem der zahlreichen interstellaren Etablissements. Die lokalen Barbesitzer haben sich eine Vielzahl von fantasievollen Weltraum-Cocktails ausgedacht: Zum Bad im galaktischen Whirlpool kann man sich einen Wodka Planetary Punch, Gin Blue Moon oder ein Romulanisches Ale gönnen. Prost!

Bei all der Entspannung im Whirlpool muss man aber auch ein wenig aufpassen: Strömungen einer kollidierenden Nachbargalaxie könnten unachtsame Touristen davonreißen und – Gott bewahre! – dafür sorgen, dass sie ihren Cocktail verschütten. Die Whirlpool-Galaxie verschmilzt nämlich gerade mit der kleineren Galaxie NGC 5195. Wenn man sich ein wenig vor den Schwerkraftströmungen in Acht nimmt, ist dies eine tolle Gelegenheit, die Kollision zweier Galaxien live mitzuverfolgen. Im Falle unserer eigenen Galaxis müssen wir ja beispielsweise noch einige Milliarden Jahre warten, bis diese mit der Andromedagalaxie verschmilzt. In einigen Millionen Jahren wird NGC 5195 dann vielleicht gänzlich Teil der Whirlpool-Galaxie geworden sein und ihre schöne Strudelform zerstört haben. Besser also jetzt noch schnell das All-inclusive-Hotel buchen und eine Cocktail-Flatrate mit dazu!

GEHEIMTIPP

Im Jahr 2020 wurde in der Whirlpool-Galaxie ein Kandidat für einen Exoplaneten entdeckt, der den griffigen Namen M51-ULS-1b trägt. Sollte sich diese Entdeckung bestätigen, wäre dies einer der ersten entdeckten Exoplaneten in einer anderen Galaxie überhaupt. Man vermutet, dass es sich bei M51-ULS-1b um einen sogenannten Exo-Saturn handelt, also einen Planeten in einem Sternsystem, der aus Gas besteht und ein Ringsystem besitzt. Wenn Sie Urlaub in der Whirlpool-Galaxie machen, verlassen Sie doch mal für einen Tag die Hotelbar, und schauen Sie nach, ob hier tatsächlich der erste extragalaktische Exoplanet entdeckt wurde!

Siesta in der Sombrero-Galaxie

Mexiko ist ein tolles Reiseland. Reisende erwarten faszinierende Landschaften wie der Dschungel von Yucatan oder das Hochland der Sierra Nevada. Nette Menschen bereiten fantastisches Essen wie Tacos und Mole zu. Und antike Stätten wie der Maya-Tempel Chichén Itzá brennen sich für immer ins Gedächtnis ein. Das Problem: Aus Sicht eines Weltraumtouristen ist Mexiko sehr klein und schnell bereist. Es erstreckt sich gerade mal über 3200 Kilometer von Nord nach Süd.

Das ist winzig im Vergleich zu den 50 000 Lichtjahren Ausdehnung der Sombrero-Galaxie! Fans der mexikanischen Hutmode können als Alternative zu dem mittelamerikanischen Staat also diese einladende Galaxie besichtigen! Sie besitzt ein außergewöhnliches Erscheinungsbild, das tatsächlich an einen mexikanischen Sombrero erinnert. Die Hutkrempe besteht in diesem Fall allerdings nicht aus hochqualitativem mexikanischen Stroh, sondern aus einem gigantischen Staubring, der die Galaxie umgibt. Dieser Staubring stellt als prominentestes Merkmal der Galaxie gleichzeitig ihre populärste Reiseregion

dar. Touristen steigen üblicherweise in einer der vielen Haciendas ab und erkunden von dort aus die Weiten dieses galaxieumspannenden Bandes aus Staub und Gas. Der Staubring ist ein aktives Sternentstehungsgebiet, da er mit all dem interstellaren Staub und Wasserstoff die perfekten Zutaten für neue Sonnen enthält.

Touristen sollten sich aber auch von den mit Hotels und Bars bevölkerten Außenbereichen der Galaxien in das wildere und urtümliche Innere vorwagen. Hier kann man als Reisender den wahren Charakter der Sombrero-Galaxie kennenlernen und nicht nur das extra für Touristen bereitgestellte Spektakel im staubigen Außenbereich. Hier warten viele Abenteuer und unentdeckte galaktische Objekte, da das Innere der Galaxie von der Erde aus nur sehr schwer zu beobachten ist. Irdische Astronomen blicken nämlich genau seitlich auf die Galaxie, sodass ihnen der Staubring den Blick auf die Geheimnisse im Zentrum versperrt. Trotzdem konnte man herausfinden, dass sich im Zentrum der Sombrero-Galaxie ein äußerst schweres Schwarzes Loch verbirgt, das etwa eine Milliarde Mal massereicher als unsere Sonne ist. Ein solch schweres Schwarzes Loch ist ungewöhnlich, da die Sombrero-Galaxie im Vergleich zur Milchstraße oder zur Andromedagalaxie einigermaßen klein ist.

Reisende auf der Suche nach Abenteuern können versuchen, sich durch den dichten Sternendschungel im Inneren der Galaxie zu schlagen

und die Quelle einer bisher unbekannten und heftigen Strahlung zu finden. In 2006 empfingen Astronomen diese Terahertz-Strahlung mit einer Wellenlänge von 850 µm und sind bis heute absolut ahnungslos, welche geheimnisvollen Vorgänge im Zentrum der Galaxie diese ausgelöst haben könnten. Kollidierende Neutronensterne? Eine Hypernova? Eine goldene Götzenfigur? Passen Sie nur auf Rollende-Felsen-Fallen auf, wenn Sie sich in die Wildnis jenseits des Staubringes wagen!

> ## Nicht verpassen:
>
> Wenn Sie sich nach dem Genuss zu vieler Tacos wie eine Kugel fühlen, verbrennen Sie ein paar Kalorien bei der Besichtigung der berühmten Kugelsternhaufen! Die Sombrero-Galaxie ist bekannt für ihre hohe Anzahl an diesen Gebilden. Kugelsternhaufen sind Ansammlungen von mehreren Tausend Sternen, die durch Schwerkraft aneinander gebunden sind und scheinbar eine große Sternenkugel bilden. Diese wunderschönen Formationen, die wie riesige leuchtende Piñatas die Galaxie erhellen, sollten Sie sich nicht entgehen lassen!

Die kosmische Hintergrundstrahlung ist ein echter
Leinwandklassiker!

ALLES AUF ANFANG:

DER URKNALL

Das Licht der ersten Sterne
des Kosmos ist ein wahrhaft
erhellender Anblick.

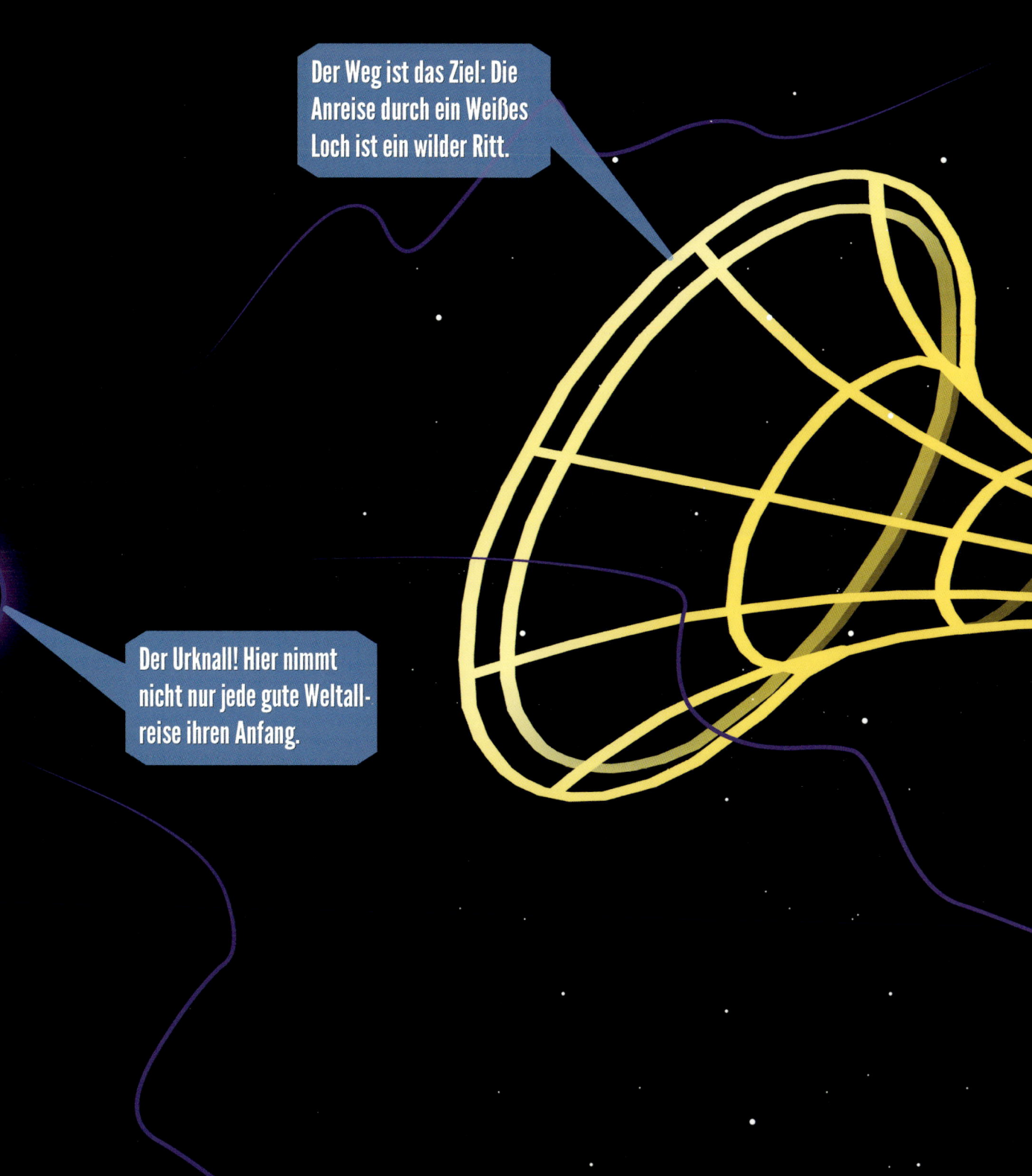

Ob sich die Gebrüder Wright im Jahr 1903 vorstellen konnten, dass sie den gesamten Verkehr des Planeten und nicht zuletzt die Tourismusindustrie für immer verändern würden? Als ihnen mit ihrem selbst zusammengebastelten Fluggerät der erste erfolgreiche Motorflug der Geschichte gelang, war der Grundstein für eine Entwicklung angestoßen, die Jahre später Menschen in großen Passagierflugzeugen in ihren Traumurlaub befördern würde.

Mindestens genauso revolutionär und bedeutsam für die Reiseindustrie ist die Entdeckung, dass man sich im Urlaub nicht nur räumlich bewegen kann, sondern auch durch die Zeit! Albert Einstein entdeckte bereits diese sogenannte Raumzeit und dass sie sich durch Schwerkraft und Geschwindigkeit verändern lässt. Für die Tourismusindustrie eröffnet dieser Umstand durch technische Fortschritte lukrative Möglichkeiten, Urlaubswillige nicht nur dorthin zu schicken, wo der Pfeffer wächst, sondern sogar zu dem Zeitpunkt, als der Pfeffer noch gar nicht gepflanzt war! Große Reiseunternehmen haben bereits eigene Zeitreise-Tochterfirmen gegründet, die sich extra auf Traumurlaube spezialisiert haben, bei denen weniger das »Wo« als viel mehr das »Wann« entscheidend ist.

Für Weltraum-Touristen sind natürlich Reisen zum vielleicht bedeutendsten Moment der kosmologischen Geschichte interessant: dem Urknall! Bevor Sie beim Reisebüro Ihres Vertrauens eine solche Tour durch Raum und Zeit buchen, kann es nicht schaden, die astrophysikalische Funktionsweise dieses neumodischen Urlaubstrends zu verstehen: Obwohl wir die Zeit nicht sehen können, ist sie real und umgibt uns permanent. Man kann sie sich vorstellen wie eine Art unsichtbares Trampolin, das sich durch den ganzen Kosmos zieht. Schwerkraft kann dieses Trampolin dehnen. Ein Schwarzes Loch etwa dellt die Zeit so sehr ein, dass sie im Vergleich zur Zeit auf der Erde anders vergeht. Wenige Sekunden neben einem wirklich schweren Himmelskörper könnten also mehreren Jahren auf der Erde entsprechen. Anders gesagt: Je mehr Kalorien Sie in einladenden Trattorien in Ihrem Urlaub zu sich nehmen, desto mehr krümmen Sie die Raumzeit. Eine andere Möglichkeit der Zeitreise ist eine hohe Geschwindigkeit. Jede Bewegung ist eine Bewegung durch den Raum und die Zeit, die untrennbar miteinander verbunden sind. Je schneller man sich durch den Raum bewegt, desto langsamer bewegt man sich durch die Zeit – und umgekehrt. Diesen Umstand machen sich bereits viele Weltraumbilligflieger zunutze und befördern zeitreisewillige Touristen mit Low-Budget-Lichtgeschwindigkeitsflügen quer durch die Zeit.

Schwieriger als Reisen in die Zukunft sind Reisen in die Vergangenheit, denn die ist ja naturgemäß bereits vorbei und daher nicht so flexibel wie die Zukunft. Doch genau für dieses nicht ganz einfache Unterfangen hat sich eine kleine Community von Weißes-Loch-Touranbie-

88

tern etabliert. Wer diese experimentelle Art des Reisens nicht scheut und die Wunder des Urknalls aus nächster Nähe erleben möchte, erhält auf den nächsten Seiten alle nötigen Informationen für Urlaub in der Vergangenheit. Lohnend ist ein solches Unterfangen trotz der zeitkritischen Anreise allemal: Der Urknall ist der faszinierende Beginn von allem. Unser gesamtes Universum war vor etwa 13,8 Milliarden Jahren in einem winzig kleinen Punkt verdichtet. Da-

neben befand sich nichts, denn einen Weltraum gab es ja noch nicht. Aus unerfindlichen Gründen begann dieser Punkt dann zu expandieren, und seitdem wird das Universum größer und größer. War der Urknall wirklich ein lauter Knall? Wann ist das Licht entstanden? Und was war eigentlich vor dem Urknall? Mit Antworten auf all diese Fragen werden mutige Reisende belohnt, die für einen gelungenen Abenteuerurlaub sogar die Strapazen einer Zeitreise auf sich nehmen!

10

WEISSE LÖCHER UND DER URKNALL: EIN TRIP DURCH RAUM UND ZEIT

One Way Ticket ins Wurmloch

Yin und Yang, gut und böse, schwarz und weiß. Wer schon mal eine Reise nach Ostasien unternommen hat, kennt sich mit diesem dualen Prinzip der taoistischen Philosophie aus. Und genau so wie Yin zu Yang gehört, gehört zu jedem Schwarzen Loch ein Weißes Loch.

Das ist zumindest eine astrophysikalische Hypothese, die sich durch die Angebote vieler Zeitreiseanbieter bestätigt sieht. Ihre Anreise zu den Anfangstagen des Universums ist ein eigenes Erlebnis für sich und funktioniert wie folgt: Schwarze Löcher können ein derart unbeschreibliches Gewicht erreichen, dass sie die Raumzeit nicht einfach nur krümmen, sondern direkt einen Tunnel erschaffen, dessen Ende an einem ganz anderen Ort und an einem ganz anderen Zeitpunkt im Universum liegt. Eine durch Gravitation erschaffene Verbindung zwischen zwei Punkten der Raumzeit also. Einen solchen Raumzeittunnel bezeichnet man auch als Wurmloch. Stellen Sie sich das so vor: Statt mit dem Campingwagen auf der Autobahn nutzen Sie ein Wurmloch, um Ihren Wochenendurlaub in Holland anzutreten. Sie kommen innerhalb weniger Sekunden in Amsterdam an. Allerdings im Jahr 1521. Veel plezier!

Nun wird die Sache allerdings noch verrückter: Der Ausgang eines solchen Wurmlochs könnte das glatte Gegenteil eines Schwarzen Lochs sein: ein Weißes Loch. Diese hypothetischen Gebilde verhalten sich mindestens ebenso extrem wie ihre dunkleren Verwandten, allerdings auf eine andere Weise: Statt Dinge durch ihre Schwerkraft anzuziehen, spucken sie durch eine Art Anti-Gravitation alles wieder aus! Weiße Löcher besitzen ebenfalls einen Ereignishorizont, dieser stellt aber von außen eine unüberwindbare Grenze dar. Bei Schwarzen Löchern kann nichts mehr von innen nach außen fliehen, bei Weißen Löchern kann nichts von außen nach innen gelangen.

Schwarze Löcher saugen ein, Weiße Löcher spucken aus.

Für Ihre Reise durch ein Wurmloch in Richtung Urknall bedeutet das einen klitzekleinen Nachteil: Eine Rückreise ist leider absolut unmöglich, da Sie das Weiße Loch nicht mehr betreten können, und das Wurmloch daher nur in eine Richtung funktioniert. Dies sollte aber interessierte Zeitreisetouristen nicht abschrecken. Jeder Urlaub hat eben auch seine Nachteile, die aber meistens die Vorteile nicht übertreffen. Genauso wie man sich von Mückenschwärmen die Reise zur Mecklenburgischen Seenplatte nicht vermie-

sen lassen sollte, sollte man sich von einer zum ewigen Warten verdammten Existenz in den tiefschwarzen Abgründen des frühen Kosmos nicht den Urlaub beim Urknall madig machen lassen.*

---

* Haftungshinweis: Falls es Ihnen irgendwie gelingt, Schadensersatzforderungen rückwärts durch das Wurmloch zuzustellen, machen Sie diese gegenüber Ihrem Reiseanbieter und nicht gegenüber dem Autor dieses Reiseführers geltend.

Uriger Urknall-Urlaub

Wer die wackelige Reise durch das Wurmloch (bei Übelkeit hilft Tomatensaft) übersteht, wird direkt aus dem Weißen Loch in seine Urlaubsdestination herausgespuckt: das frühe Universum vor 13,8 Milliarden Jahren.

Seien Sie nicht überrascht, wenn Sie für die ersten 300 000 Jahre Ihres Urlaubs relativ wenig sehen können. Es gab in der Anfangszeit des Universums noch kein Licht. Auch ein Hotel werden Sie vergeblich suchen, denn es gab ganz am Anfang leider auch noch keinen Raum, in dem findige Unternehmer ein solches hätten bauen können. Vielleicht können Sie trotz dieser Widrigkeiten aber dennoch die größte Attraktion dieses Reiseortes erfühlen: einen unfassbar kleinen Punkt ohne nennenswerte Ausdehnung. Eine Singularität, in der unser gesamter Kosmos bereits angelegt war. Sozusagen der Keim unseres Universums. Denn in diesem kleinen Kügelchen war auch in anderer Form bereits alles drin, was es später im Universum geben würde: Elemente, Isotope, Planeten, Sterne, Menschen – die Materialien für all das enthielt das Universum bereits von Anfang an.

Reisende, die genau zur richtigen Zeit ankommen, können dann vielleicht sogar Zeuge des bedeutendsten Ereignisses überhaupt werden: der beginnenden Expansion dieses kosmischen Keims. Entgegen weit verbreiteter Ansicht war der Urknall eigentlich gar keine laute Explosion. Der Begriff »Urknall« wurde vielmehr von den Kritikern dieser Theorie im frühen 20. Jahrhundert geprägt, um sie lächerlich zu machen. Damals ging die Fachwelt nämlich noch felsenfest davon aus, dass der Kosmos statisch sei und eine Expansion nicht stattfinden würde. Zeitreisetouristen können sich nun vom Gegenteil überzeugen und live beobachten, wie das Weltall entsteht und sein Wachstumsprozess beginnt. Wer sich im wohlverdienten Urlaub einfach nur entspannen will, lehnt sich zurück und bestaunt den nun in alle Dimensionen anwachsenden Kosmos.

Physikalisch interessierte Reisende können die Gunst der Stunde nutzen und allerhand faszinierende kosmologische Prozesse untersuchen. Besonders empfehlenswert ist die Beobachtung der primordialen Nukleosynthese: Etwa eine Hundertstelsekunde nach dem Urknall bilden sich die ersten Atomkerne, die Voraussetzung für all das, was wir heutzutage im Kosmos bestaunen können. Für Reisende mit kleinen Kindern könnte die primordiale Nukleosynthese allerdings etwas zu abstrakt und daher ungeeignet sein. Nach einigen Minuten lässt sich dann ein weiteres faszinierendes und wichtiges Ereignis bestaunen: Die ersten Protonen, positiv geladene Teilchen, entstehen. Diese Protonen werden später zu Wasserstoffatomkernen und stellen damit den wichtigsten Bestandteil für alle irgendwann im Universum existierenden Sterne – auch für unsere Sonne. Vergessen Sie nicht, sich

ein Proton aus dem frühen Universum als Andenken mitzunehmen. Auch bei Partys kommt es erfahrungsgemäß sehr gut an, wenn man den Gastgebern sagen kann: »Ich habe euch als Geschenk ein kosmologisches Teilchen aus der primordialen Nukleosynthese mitgebracht!« Und mit Ihren Reisegeschichten vom Urknallurlaub werden Sie sowieso der Star jedes Partysmalltalks sein.

Nicht verpassen:

Schärfen Sie Ihre physikalischen Kenntnisse, indem Sie kurz nach dem Urknall die sogenannte Planck-Zeit observieren. Sie müssen aber sehr aufmerksam sein, denn die Planck-Zeit dauert nur 10^{-43} Sekunden an. Sie zu studieren lohnt sich aber, denn sie beschreibt das kleinstmöglich physikalische denkbare Zeitintervall. In diesem Miniaugenblick nach dem Urknall gab es noch keine wirklichen physikalischen Gesetze, sondern nur eine ominöse Urkraft, aus der dann später die vier fundamentalen Kräfte der Physik hervorgingen: die Schwerkraft, die elektromagnetische, die schwache und die starke Wechselwirkung. Ein winziger Moment mit riesiger Wirkung!

Ein Besuch im Urknall-Museum

Den Urknall zu bewundern ist ein unvergessliches Ereignis. Um den rätselhaften Vorgang und die astrophysikalische Geschichte dahinter besser zu verstehen, bietet sich zudem ein Besuch im Urknall-Museum an! Hier wird auf leicht verständliche Art und Weise der Anfang unseres Kosmos beleuchtet.

Besonders interessant sind die Ausführungen zur Entdeckungsgeschichte. Noch Anfang des 20. Jahrhunderts ging fast die gesamte Fachwelt davon aus, dass das Universum sich nicht ausdehne und schon immer statisch gewesen sei. Diese sogenannte Steady-State-Theorie wurde sogar lange Zeit von Albert Einstein befürwortet, der dies später als »größte Eselei« seines Lebens bezeichnete. Das expandierende Universum und der Urknall wurden dann vom belgischen Physiker und Priester Georges Lemaître erstmals postuliert, der für den Anfang des Universums die Begriffe »Uratom« und »kosmisches Ei« verwendete. Als Reminiszenz an diese Bezeichnung serviert die Kantine des Urknall-Museums schmackhafte und in kosmischen Farben bemalte, hart gekochte Eier.

Der Gang durch die Ausstellung des Museums führt interessierte Besucher schließlich zu einem Raum, der mit Informationen zu Edwin Hubble bestückt ist. Der amerikanische Astro-

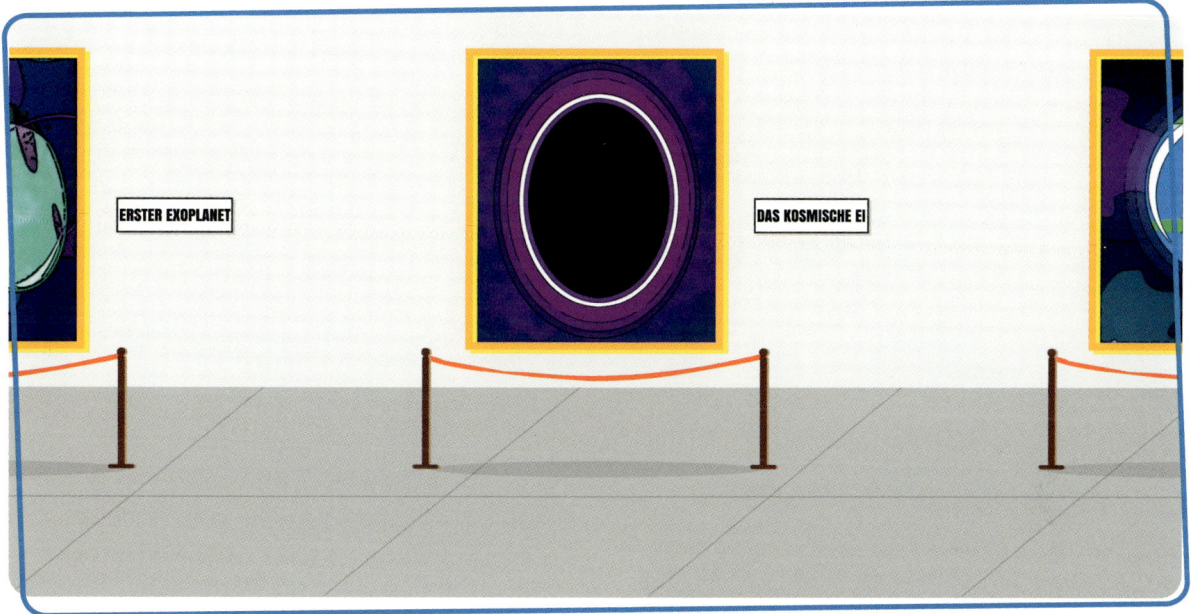

nom beschrieb die Entfernung zu anderen Galaxien und entwickelte die Hubble-Konstante. Diese beschreibt das Ausmaß der Expansion des Kosmos. Durch Georges Lemaîtres Theorie und Edwin Hubbles Entdeckungen gewann die Urknalltheorie schnell Anhänger. Durch die Verbesserung von Teleskoptechnik und den Möglichkeiten der Weltraumbeobachtung gilt die Expansion des Universums und damit dessen Anfang in einem singulären Ereignis als bewiesen.

Nicht verpassen:

In einem kleinen Nebenzimmer des Museums werden konkurrierende Erklärungsansätze zur Urknalltheorie vorgestellt. Neben der Steady-State-Theorie sind vor allem die Ausführungen zum sogenannten »Plasma-Universum« lesenswert: Demnach ist nicht die Gravitation eine der bestimmenden Kräfte des Kosmos, sondern elektrische Strömungen, die zur Bildung von Galaxien führen, da sie Sterne wie Leuchtstoffröhren antreiben. Die »Plasma-Universum«-Theorie ist gänzlich unfundiert und wird nur von wenigen exzentrischen Kosmologen vertreten, ist aber definitiv unterhaltsam.

95

11

DIE DUNKLE ZEIT: SONNENCREME NICHT NOTWENDIG!

Ein Blockbuster auf der ganz großen Leinwand: Die kosmische Hintergrundstrahlung

Nehmen Sie sich eine Tüte Popcorn, und machen Sie es sich gemütlich! Die größte Kinovorstellung, die der Kosmos zu bieten hat, erleben Reisende etwa 380 000 Jahre nach dem Urknall: die kosmische Hintergrundstrahlung. Dieser Blockbuster ist so gewaltig, dass er nicht nur auf einer flachen Leinwand zu sehen ist, sondern überall!

Zu dieser Zeit hat das Universum eine bereits beachtliche Größe erreicht, und die extremen Temperaturen, die vorher im sehr dicht zusammengedrängten Kosmos herrschten, kühlen sich nun merklich ab. Für alle Touristen mit einer Abneigung gegen hohe Temperaturen ein Segen! Durch diese geringere Temperatur konnte sich das Urgas in Einzelteile aufspalten, insbesondere entkoppelte sich die Strahlung von der Materie. Strahlungen, wie sie heutzutage von vielen Objekten im Weltraum beispielsweise im Mikrowellenbereich ausgehen, gab es zuvor noch nicht. Der Moment dieser Entkoppelung ist der cineastische Höhepunkt des frühen kosmologischen Leinwandklassikers: Das Universum wird plötzlich durchsichtig, die Zuschauer blicken gebannt auf die nun überall wahrnehmbare Strahlung. Nicht selten brechen die Zuschauer an dieser Stelle in lauten Jubel aus und das aus gutem Grund: Die kosmische Hintergrundstrahlung, die genau in diesem Moment entfesselt wird, wird von nun an bis in die Gegenwart zu sehen sein und dient den irdischen Astrophysikern als wichtiges Indiz für die Entwicklung des frühen Universums.

Doch wie ist es möglich, dass ein Ereignis, das über 13 Milliarden Jahre in der Vergangenheit liegt, in der Gegenwart noch zu sehen ist? Für erfahrene Zeitreisetouristen liegt die Antwort auf der Hand: Jeder Blick in den Weltraum ist ein Blick in der Zeit zurück. Wir sehen die Himmelskörper immer so, wie sie aussahen, als sich

das Licht auf den Weg gemacht hat. Die Sonne sehen daheim gebliebene Erdenbewohner also so, wie sie vor 8 Minuten und 20 Sekunden aussah – denn so lange benötigt das Sonnenlicht zur Erde. Wir könnten also theoretisch auch die gesamte Zeitspanne von 13,8 Milliarden Jahren entspannt vom heimischen Observatorium aus bis zum Urknall zurückblicken und uns die anstrengende Reise durch das Wurmloch sparen. Doch wie die Zuschauer des Kinohits der kosmischen Hintergrundstrahlung aus erster Hand erfahren, war das Universum in den 380 000 Jahren vor der Entkoppelung der Strahlung von der Materie völlig undurchsichtig. Wer also sich das Geld für die Reise sparen möchte und mit seinem heimischen Teleskop versucht, das frühe Universum zu beobachten, wird auf die kosmische Hintergrundstrahlung als undurchdringliche Wand stoßen, die den Blick auf die 380 000 Jahre davor verhüllt.

Wie bei den Filmen eines berühmten Comicfranchise ist es auch in diesem kosmologischen Streifen lohnend, bis zum Ende sitzen zu bleiben – Sie verpassen sonst ein Easteregg nach dem Abspann! Wer einige Zehntausend Jahre nach dem Abspann noch geduldig im Kinosessel ausharrt, beobachtet etwas Erstaunliches: die Wellenverschiebung der Hintergrundstrahlung. Zum Zeitpunkt ihrer Entstehung, 380 000 Jahre nach dem Urknall, war sie im optischen Bereich sichtbar, also dem für uns Menschen mit bloßem Auge wahrnehmbaren Teil der Strahlung. Je mehr Zeit vergeht, desto mehr dehnen sich die Spektralwellen der Hintergrundstrahlung, was man auch als Rotverschiebung bezeichnet. Heute, 13 Milliarden Jahre nach diesem Ereig-

GEHEIMTIPP

Eine Reise in das frühe Universum ist teuer und aufwendig. Wer die Kosten oder die Strapazen scheut, kann die kosmische Hintergrundstrahlung auch in abgespeckter Form von zu Hause erleben. Sie verbirgt sich nämlich im Rauschen irdischer Fernseher! Die Photonen des frühen Universums sind noch heute vorhanden. Das weiße Rauschen unserer Fernseher besteht zu etwa 1 Prozent aus den Nachwirkungen der kosmischen Hintergrundstrahlung! Nutzen Sie den nächsten freien Abend also, um auf das Flimmern Ihres Fernsehers zu starren, und versetzen Sie sich in kosmische Urlaubsstimmung!

nis, ist die kosmische Hintergrundstrahlung nur noch mit speziellen Instrumenten im Mikrowellenbereich wahrnehmbar. Sie sehen: Für interessierte Cineasten, die Filme gern direkt mit ihren Augen schauen und nicht mit einem Mikrowellenteleskop, lohnt sich eine Reise in das frühe Universum unbedingt!

Eine Kreuzfahrt durch Dunkle Energie und Dunkle Materie

Der Ruf von Kreuzfahrten hat in den vergangenen Jahren wegen der Emissionen der großen Schiffe und der damit einhergehenden Umweltbelastung ein wenig gelitten. In der Frühphase des Universums können Sie aber ohne schlechtes Gewissen auf eine (Raum-)Kreuzfahrt gehen, da noch überhaupt keine Umwelt entstanden ist, die man schädigen könnte. Praktisch! Nachdem Sie die Entstehung der kosmischen Hintergrundstrahlung bestaunt haben, buchen daher viele Urknallreisende eine der populären Bootstouren – allerdings schippert man hier mit dem Schiff nicht durch raue Gewässer, sondern durch den geheimnisvollen Ozean der Dunklen Materie! Während das Boot über die Fluten dieser rätselhaften Materieform manövriert, kann man vom Deck weiterhin die Ausbreitung der Hintergrundstrahlung bestaunen, die nun nach und nach das junge Universum in ihrem Glanz erhellt.

Aber was ist die ominöse Dunkle Materie überhaupt, die den Kosmos in seiner Frühphase wie ein Ozean durchdringt? Fachkundige Kosmosmatrosen werden Ihnen an Bord Ihres Traumschiffs vermutlich Folgendes erörtern: Die Analyse von Galaxien, wie der Milchstraße, hat gezeigt, dass diese sich eigentlich ganz anders bewegen müssten. Die Schwerkraft der Sterne und des supermassiven Schwarzen Lochs genügen nicht, um die Galaxie in Form zu halten und ihre Bewegung zu erklären. Scheinbar muss es also eine für uns Menschen unsichtbare und nicht direkt messbare Form von Materie geben, die ähnlich wie Gravitation wirkt und die Galaxien zusammenhält. Aufgrund ihrer Rätselhaftigkeit bezeichnet man sie als Dunkle Materie. In der Frühphase des Universums dominiert diese Dunkle Materie noch den Kosmos und macht 380 000 Jahre nach dem Urknall etwa 63 Prozent der Materie und Energie des gesamten Weltalls aus, weswegen sie sich perfekt als Fahrwasser für kosmische Kreuzfahrten eignet. Zu diesem Zeitpunkt ist das Weltall noch ziemlich simpel gestrickt: Durch die Wucht des Urknalls expandiert es, und die ominöse Dunkle Materie macht einen Großteil seines Inhalts aus.

Touristen, die eine der längeren Kreuzfahrten gebucht haben, bei denen man für mehrere Jahrtausende täglich von Animateuren bespaßt wird und jeden Abend den Shrimps-Salat essen muss, werden aber eine Veränderung des kosmischen Ozeans feststellen. Nach und nach lässt das

100

Schiff die Dunkle Materie hinter sich und reitet nun auf den Wellen der Dunklen Energie. Auch die Eigenheiten dieses kosmologischen Meeres werden bei den meisten Kreuzfahrtanbietern von gut ausgebildetem Personal erklärt: Seit dem Urknall expandiert das Universum. In der Gegenwart kann man das einfach messen, indem man die Entfernung zu fremden Galaxien regelmäßig berechnet. Das Ergebnis: Die meisten Galaxien bewegen sich voneinander weg. So kam man übrigens auch erst auf die Urknalltheorie: Wenn sich der Kosmos immer weiter ausdehnt, muss er ja auf einem kleinen winzigen Punkt begonnen haben.

Seltsamerweise scheint sich diese Expansion aber zu beschleunigen. Mit jeder Sekunde, die vergeht, wächst der Weltraum schneller. Wie kann das sein, wenn der Urknall, der ja ursprünglich die Ausdehnung des Kosmos auslöste, schon 13,8 Milliarden Jahre her ist? Eigentlich müsste das Universum immer langsamer und langsamer wachsen, je länger der Urknall her ist. Es muss also eine rätselhafte, unsichtbare Form der Energie geben, die den Kosmos wie einen Hefezopf im Ofen immer weiter anschwellen lässt:

die Dunkle Energie! Auch die Natur dieser kosmologischen Kraft ist noch weitestgehend ungeklärt. Kreuzfahrttouristen werden aber feststellen, dass sich nun, wo das Schiff die Wellen der Dunklen Energie reitet, die sichtbaren Grenzen des jungen Universums immer weiter wegverschieben. Das Wachstum des Kosmos wird nun von der Energie des Urknalls und von der Dunklen Energie angetrieben. Die Dunkle Materie, die anfangs noch dafür sorgte, dass das Weltall nicht zu schnell expandiert, verliert nun immer mehr an Einfluss, bis sie irgendwann in den befahrenen Gewässern kaum noch nachzuweisen ist. Ab diesem Moment könnte die kosmische Kreuzfahrt immer rasanter werden: Der Anteil der expansiven Dunklen Energie hat im Laufe der Zeit so sehr zugenommen, dass heutzutage ganze 72 Prozent der Energie und Materie des Kosmos aus ihr bestehen. Die zusammenhaltende Dunkle Materie macht nur noch 23 Prozent aus. Der Ozean der Dunklen Materie ist also zwischenzeitlich zu einer kleinen Pfütze verkommen, das Universum befindet sich eindeutig auf expansivem Kurs. Volle Fahrt voraus!

12

DIE STERNENTSTEHUNGSPHASE: DAS UNIVERSUM NIMMT FORM AN

Live-Beobachtung der ersten Sterne

Wer seine kosmologische Kreuzfahrt etwas ausgedehnt hat und nach etwa 400 Millionen Jahren von Bord geht, kann ein beeindruckendes Ereignis beobachten: die Geburt der ersten Sterne! Dieses faszinierende Naturschauspiel sollten Touristen nur mit einem erfahrenen Guide bestaunen, da sonst die Gefahr besteht, das fragile Gleichgewicht des jungen Kosmos zu stören! Und Sie wollen wohl nicht daran Schuld sein, dass die Entwicklung der ersten Sterne scheitert und der Kosmos daraufhin dunkel bleibt, oder?

Aus einer sicheren Entfernung beobachten interessierte Reisende mit einem Fernglas folgendes stellares Schauspiel: Im Universum sind nun überall dichte Gaswolken entstanden, die nach und nach schwerer werden, bis sie unter ihrem eigenen Gewicht kollabieren. Der sich in den Wolken verdichtende Wasserstoff erzeugt die allerersten Babysterne. Erstmalig wird der Kosmos

erhellt von der Energie einer jungen Sonne. Sich den allerersten in einem Stern entstandenen Lichtstrahl ins Gesicht scheinen zu lassen – ein Ereignis, das wohl kein Urlauber jemals wieder vergessen wird.

Nachdem die ersten Sterne entstanden sind, werden aufmerksame Guides die Zuschauer vorsichtig näher an das Ereignis heranführen. Wer genau hinsieht, kann hier einen weiteren absolut elementaren Prozess miterleben: die Entstehung der ersten schweren Elemente! In den ersten Sternen existiert nun erstmalig die ausreichende Dichte gepaart mit einer hohen Temperatur, um Elemente wie Kohlenstoff, Sauerstoff und Eisen zu bilden. Greifen Sie ruhig beherzt zu und schnappen Sie sich als Andenken ein wenig des ersten kosmischen Eisens überhaupt – aber Vorsicht: Es könnte heiß sein! Etwas weniger schmerzhaft könnte es sein, in den Genuss eines Atemzuges des ersten Sauerstoffes zu gelangen. Dieses Element, das Milliarden Jahre später zu einer der wichtigsten Voraussetzungen für

Leben auf unserer Erde werden wird, ist so kurz nach dem Urknall in einem stellaren Fusionsprozess erstmals entstanden.

Und auch der Kohlenstoff, der hier erstmalig ausgebrütet wird, ist ein wichtiger Baustein des Lebens. Kohlenstoff macht fast 10 Prozent der Atome im menschlichen Körper aus. In gewisser Hinsicht stimmt also der Satz: Wir Menschen sind aus Sternenstaub gemacht. Und auch wenn es nach der Bildung der ersten Sterne noch lange bis zur Entwicklung des irdischen Lebens dauern wird, erleben Urknallreisende hier also die Geburtsstunde für die Elemente, die später einmal das Leben bilden werden.

Ein Feuerwerk aus Supernovae

Reisende, die eine Feinstaubaversion haben werden den folgenden Part der Urknallreise eher nicht genießen können. Feuerwerkliebhaber hingegen kommen voll auf ihre Kosten. Die frisch geschlüpften ersten Sterne des Universums sind nicht besonders langlebig. Sie sind so schwer, dass ihr Fusionsprozess in einem für Sterne sehr kurzen Zeitraum von nur wenigen Millionen Jahren abläuft. Wie alt ein Stern wird, hängt davon ab, wie viel Fusionsmaterial er besitzt und wie schnell er es verbrennt. Der langsame Tod unserer Sonne wird beispielsweise einsetzen, sobald

104

sie ihren gesamten Wasserstoff fusioniert hat. Im heutigen Universum beträgt die durchschnittliche Lebensdauer eines Sterns der Größe unserer Sonne ungefähr 10 Milliarden Jahre.

Im frühen Universum war den stellaren Pionieren eine so lange Existenz nicht vergönnt. Nach 3 bis 10 Millionen Jahren endeten sie in einer Supernova. Was für die Sterne ein trauriges und jähes Ende ihres Lebens bedeutet, ist für Urknalltouristen ein fantastischer Anblick: Überall im jungen Universum gibt es nun helle und bunte Explosionen zu bestaunen. Das Weltall gleicht wenige Millionen Jahre nach dem Urknall einem kosmischen Feuerwerk. Unsere Empfehlung: Machen Sie zu diesem Anlass eine Flasche Sekt auf, und stoßen Sie auf den Fortschritt an, den das Universum bis zu diesem Zeitpunkt schon gemacht hat! Seit Beginn der Urlaubsreise zum Urknall hat sich das Universum mühsam in seine eigene Existenz gekämpft, hat einen Ausgleich zwischen Dunkler Materie und Dunkler Energie gefunden, die grundlegenden Elemente erschaffen und schließlich die allerersten Sterne überhaupt fast aus dem Nichts geboren. Wenn das kein Grund zum Feiern ist, was dann? Cheers! Möglicherweise werden Sie mehr als eine Flasche Sekt benötigen, denn das explosionsartige Schauspiel lässt sich eine ganze Weile bestaunen. Durch die ersten Supernovae werden wie bei einer Kettenreaktion auch weitere Gaswolken verdichtet, in denen neue Sterne entstehen und explodieren.

Das gigantische Sternenfeuerwerk lässt glücklicherweise keinen gigantischen Abfallberg wie irdische Silvesterfeiern zurück, sondern stellt einen wichtigen Schritt zur Entwicklung des Kosmos dar: In den Explosionen werden Elemente gebildet, die noch schwerer sind als Eisen, wie zum Beispiel Uran. Nachdem der helle Schimmer der vorerst letzten Supernova abgeklungen ist, finden Reisende ein völlig verändertes Weltall vor : Es haben sich nun durch weitere Elemente und neu angeordnete Gaswolken zahlreiche Variationen von Sternen gebildet, vor allem kleinere und langlebigere Sonnen. Diese neue Generation von Sternen beginnt nun, sich zu Formationen zusammenzuschließen, die später zu den ersten Galaxien des Kosmos werden.

Nicht verpassen:

Wer auf einer ausgedehnten Reise die Entwicklung des frühen Universums vom Urknall bis hin zur Entstehung der ersten Sternhaufen miterlebt hat, sollte sich keinesfalls eine Stippvisite in der ältesten Galaxie des Kosmos entgehen lassen: GN-z11. Diese entstand schon vor etwa 13,4 Milliarden Jahren und gilt damit als Uropa unter den Sterneninseln. Hier geschah alles zum ersten Mal: die Entstehung von Spiralarmen, die Bildung von Sternentstehungsgebieten, die Anordnung um ein supermassives Schwarzes Loch. Und wer weiß, vielleicht entdecken Reisende hier ja sogar die allerersten Lebewesen des Universums?

Das Ende der Reise? Der Big Rip ist der Schlusspunkt eines gelungenen Urlaubs.

Eine Tour zum Big Freeze erfordert gute Kondition und warme Klamotten.

DIE REISE ENDET:

DER TOD DES UNIVERSUMS

Noch nicht genug? Das Multiversum bietet Urlaubsfreuden ohne Grenzen.
Der Tod des Kosmos lässt sich auf Schwarzen Zwergen bei Kerzenlicht bewundern.

Irgendwann ist auch die schönste Reise vorbei. Es ist immer schmerzhaft, wenn man nach einem sonnigen Aufenthalt in der Toskana den Flieger oder nach einem romantischen Wochenende in Paris den Zug nach Hause nehmen muss. Und auch bei einer Reise durch den Weltraum ist irgendwann der Zeitpunkt gekommen, um »Arrivederci« oder »Au revoir« zu sagen. Zwar kann man als Weltraumtourist durch allerlei Zeitreisetricks die Reise um einige Milliarden Jahre ausdehnen, ohne den Chef um weitere Urlaubstage anbetteln zu müssen, doch ein Punkt markiert unweigerlich das Ferienende: der Tod des Universums. Genauso wie der Weltraum mit dem Urknall einen Anfangspunkt besitzt, gehen die Astrophysiker davon aus, dass irgendwann einmal Schluss ist mit unserem faszinierenden Universum.

Obwohl dieser Zeitpunkt also zwangsläufig das Ende des Urlaubs bedeutet, ist der Zeitraum kurz vor dem Tode des Kosmos durchaus ein interessantes und lohnenswertes Reiseziel. Damit die Anreise dorthin gelingt, müssen Sie entweder einige Billionen Jahre abwarten, oder Sie nehmen die bekannte Direktverbindung durch ein Wurmloch – dieses Mal allerdings nicht in die Vergangenheit, sondern in die ferne Zukunft. Wer dem Universum »Hasta la vista« sagen möchte, begibt sich auf eine Reise ins Ungewisse. Denn es existieren bislang nur wenige Reiseberichte von mutigen Abenteurern, die allesamt absolut widersprüchlich sind. Im bekannten Reiseführer »Lonely Universe« etwa wird behauptet, dass

Reisende in einigen Billionen Jahren beobachtet haben, wie der Weltraum in einer die Vorstellungskraft sprengenden Explosion endet, dem sogenannten Big Rip.

In dem Magazin »Astronomical Geographic« hingegen berichtet ein (etwas verwirrt wirkender) Reisender, er hätte am Ende eines Wurmlochs mit eigenen Augen gesehen, dass das Universum unwiederbringlich einfriert und für immer in eine kosmische Starre verfällt – er nennt das Big Freeze. In einer Fernsehshow behauptete dann derselbe Reisende, er wäre falsch zitiert worden und dass der Kosmos sich vielmehr am Ende in einem Big Crunch zusammenziehen würde und alles von Neuem beginnt.

Dann sind da noch die wirklich diffusen und verschwommenen Schilderungen, die sich bloß auf ominösen Internetseiten in den hintersten Winkeln des Darknet finden lassen und die von weiteren Universen berichten – einer Art Multiversum, das unseren Weltraum umgibt. Sicherlich alles nur Spinnereien, aber vielleicht lohnt es sich, den Rucksack zu packen und auf eigene Faust nachzusehen?

Da noch keine Einigkeit darüber besteht, welches Ende dem Universum denn nun tatsächlich bevorsteht, werden die verschiedenen Szenarien im Folgenden gleichberechtigt dargestellt. Das Ende des Universums ist also so oder so ein extremst spannender Punkt in der Raumzeit. Für Sie ist das Ende eigentlich nur der Anfang von etwas Neuem? Dann auf zum Tod des Universums!

13

BIG RIP UND BIG FREEZE: SCHWARZE ZWERGE UND DAS GROSSE NICHTS

Romantisches Dinner auf einem Schwarzen Zwerg

Nörgler würden eine Reise zum Ende des Universums als trist, dunkel und ereignisarm bezeichnen. Jeder Tourist, der schon einmal einige Milliarden Jahre in die Zukunft gereist ist, würde dem allerdings entschieden widersprechen. Die Atmosphäre des gealterten Universums ist nämlich äußerst spannend und perfekt geeignet für verliebte Turteltäubchen!

In knapp 100 Billionen Jahren werden so gut wie alle Sterne erloschen sein. Denn der stellare Kreislauf kann nicht für immer funktionieren: Zwar werden durch explodierende Sterne Gasnebel zusammengedrückt, sodass in diesen Nebeln neue Sterne entstehen können, doch die für die Fusion unabdingbaren Elemente Wasserstoff und Helium werden dabei immer weniger, und der Anteil von schwereren Elementen nimmt immer weiter zu. Irgendwann in der fernen Zukunft wird es dann keine Elemente mehr für Sternenfusion geben. Das bedeutet aber nicht, dass

die Sonnen, die vormals das Universum erhellt haben, nicht mehr da sein werden. Viele von ihnen sind nach ihrer normalen Lebensspanne zu einem Weißen Zwerg implodiert, der noch für eine Milliarden Jahre Hitze und Energie erzeugt hat. Nun, 100 Billionen Jahre in der Zukunft, ist aber auch die Energie der Weißen Zwerge erloschen. Die Sonnen sind nun zu toten, dunklen und eisig kalten Sternenleichnamen geworden, die man als Schwarze Zwerge bezeichnet. Wie romantisch!

Verliebte Urlauber können in dieser Endphase des Universums ein atmosphärisches Candle-Light-Dinner auf einem Schwarzen Zwerg buchen. Bewundern Sie die erdrückende und abgrundtiefe Schwärze des sterbenden Kosmos, während Sie schmackhafte Austern schlürfen und währenddessen von fachkundigen Kellnern mehr über die Physik Schwarzer Zwerge erklärt bekommen: Diese stellaren Mumien bestehen gänzlich aus Kohlenstoff und in ihnen spielen sich fast keinerlei physikalische Prozesse mehr

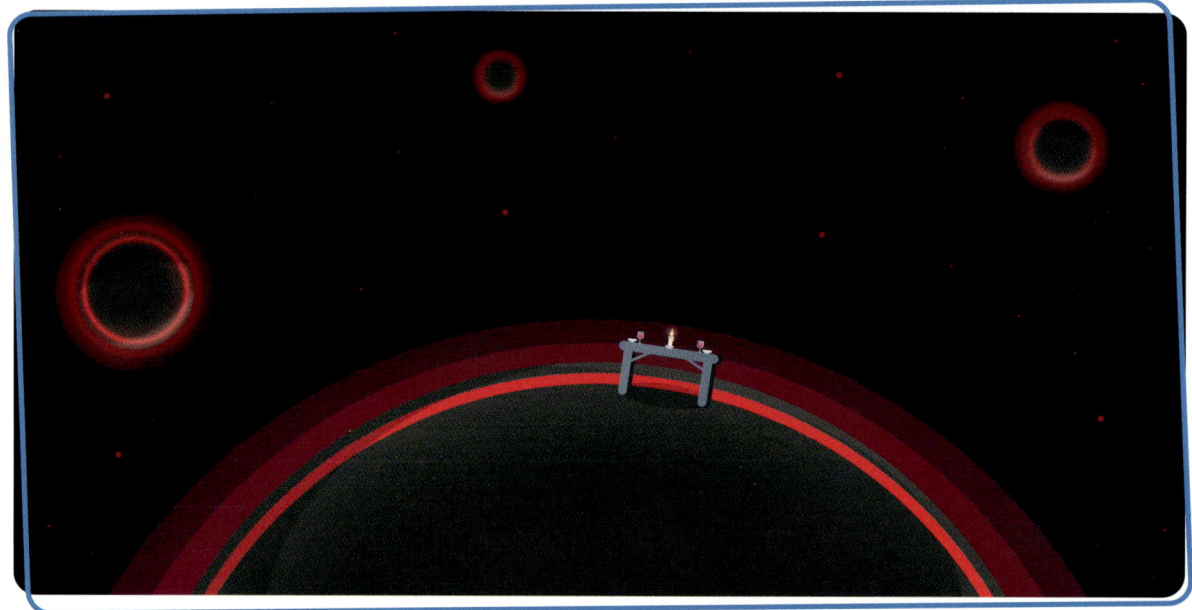

ab. Keine Fusion, keine Hitze, keine Energie, kein Licht. Zu diesem Zeitpunkt erhellt dann wirklich nur noch das flackernde Kerzenlicht Ihres romantischen Abendessens den Weltraum!

Ein gelungenes Dinner endet mit einem schmackhaften Dessert. Eine Spezialität, die Reisende am Ende des Universums oftmals aufgetischt bekommen, ist leckeres Quantentunnelkonfekt! Eine typische Speise, deren Name an einen der wenigen physikalischen Prozesse angelehnt ist, der sich im späten Universum noch abspielt: den Quantentunneleffekt. Es handelt sich um einen mysteriösen Prozess der Quantenmechanik, der sich in den Atomen von Schwarzen Zwergen abspielen kann. Gemäß den Regeln der klassischen Physik dürfte in den Atomen von Schwarzen Zwergen eigentlich nichts mehr geschehen. Doch die Quantenmechanik ist eine Art oftmals magisch wirkende Erweiterung der gewöhnlichen Physik und ermöglicht es den Elektronen, in den Schwarze-Zwerg-Atomen auch ohne die nötige Energie die sogenannte Atombarriere zu überschreiten. Warum ist das für Ihr Candle-Light-Dinner von Bedeutung? Durch den Quantentunneleffekt kann es tatsächlich dazu kommen, dass Schwarze Zwerge sich ein letztes Mal aufbäumen und explodieren! Mit etwas Glück können Urlauber also zum Abschluss ihres

4-Gänge-Menüs eine romantische Schwarze-Zwerg-Supernova irgendwo am Horizont des ansonsten tiefschwarzen Kosmos erleben. Nicht wenige nutzen diesen besonderen Moment für einen Heiratsantrag – typischerweise mit einem Verlobungsring gefertigt aus Kohlenstoff, der aus einem Schwarzen Zwerg gewonnen wurde. Nicht unerwähnt bleiben sollte, dass Sie natürlich auch Pech haben könnten und genau der Schwarze Zwerg in einer Quantentunnel-Supernova explodiert, auf dem Sie gerade entspannt dinieren. Viele Restaurants bieten in diesem Fall aus Kulanz einen Gutschein für den nächsten Besuch an.

Schluchtenwanderung durch den Big Rip

Eine Wanderung durch eine tiefe Schlucht stellt den Höhepunkt vieler Reisen dar. Wer bereits den Grand Canyon auf der Erde und das Valle Marineris auf dem Mars durchschritten hat, kann sich am Ende des Universums der größten Verwerfung von allen widmen: dem Big Rip. Dieser ist einer der möglichen Tode des Kosmos und ist nicht nur metaphorisch eine Zäsur von intergalaktischem Ausmaß.

Erfahrene Weltraumtouristen, die bereits den Urknall erlebt und den Raum zwischen den Galaxien erforscht haben, betrachten sie als treuen Reisebegleiter: die Dunkle Energie. Diese ominöse Kraft sorgt für eine immer weiter zunehmende Expansion des Kosmos. Statt irgendwann wieder zu schrumpfen, verhält sich das Weltall wie ein Luftballon, der ohne Rücksicht immer weiter aufgepustet wird. In einigen Billionen Jahren wird das dazu führen, dass die wenigen verbliebenen Himmelskörper – Schwarze Zwerge und Schwarze Löcher – unfassbar weit voneinander

Nicht verpassen:

Nach dem Essen soll man ruh'n oder 1000 Schritte tun. Wenn Sie sich nach Ihrem Schwarzen-Zwerg-Dinner für Letzteres entscheiden, bietet sich ein Ausflug zu den anderen Objekten an, die es so kurz vor dem Ende des Universums noch geben wird: Schwarze Löcher. Neben Schwarzen Zwergen zählen sie zu den langlebigsten Objekten des Kosmos. Nutzen Sie einen Spaziergang zum nächstgelegenen Schwarzen Loch, um Kalorien zu verbrennen und einmal genau hinzusehen. Sie werden feststellen, dass auch die Gravitationsmonster ganz langsam Kalorien verbrennen. Man bezeichnet dies als Hawking-Strahlung, benannt nach dem britischen Wissenschaftler Stephen Hawking. Im Laufe von Billionen Jahren verlassen nach und nach einzelne Teilchen die Schwarzen Löcher, bis auch die kosmischen Vielfraße irgendwann vollständig verdampft sind.

entfernt sind. Zeit und Raum sind so gedehnt, dass der kosmische Luftballon nun kurz vor dem Platzen steht. Die Dunkle Energie ist so allmächtig geworden, dass sie nun alles von innen ausfüllt. Sie steckt selbst in Molekülen und Atomen und droht, diese zu zerreißen. Touristen, die zu diesem Punkt in der Raumzeit reisen, berichten daher oftmals von einem unangenehmen Gefühl des Aufgeblähtseins. Magentabletten sollten daher unbedingt zum Reisegepäck gehören, wenn man den Big Rip bereist.

Schließlich passiert es: Die Dunkle Energie hat derart die Oberhand gewonnen, dass sie nun den gesamten Kosmos von innen zerfetzt: Raum, Zeit, Atome – all das platzt in einem apokalyptischen letzten Event des Kosmos. Für Urlauber bedeutet das: Zeit, den Wanderstock zu greifen und diese faszinierenden Umstände aus nächster Nähe zu bewundern. Wie sagte schon Goethe? »Das habe ich nicht erdacht, das habe ich erwandert.« Goethe würde staunen, wenn er die Schlucht erblicken würde, die nun den sterbenden Kosmos durchzieht. Ein die Raumzeit durchdringender Riss, der nicht wie gewöhnliche Schluchten zwei Landmassen voneinander trennt, sondern das Universum vom Nichts. Wenn Sie während der Wanderung Ihren Blick auf die eine Seite der Schlucht richten, werden Sie den Kosmos in seiner gewohnten Gestalt sehen können. Auf der anderen Seite hingegen lauert ein Ausblick auf das unausweichliche Schicksal des Alls: das große Nichts. Denn der Big Rip stellt für das Universum keinen Neuanfang dar, sondern den endgültigen Tod. Wenn Raum und Zeit zerreißen, dann ist einfach alles für immer vorbei. Unvorstellbar? Dann buchen Sie im Wurmloch-Reisebüro Ihres Vertrauens den Trip dorthin, und überzeugen Sie sich mit eigenen Augen.

Bei der Schluchtenwanderung durch den Big Rip sollten Touristen sich ein wenig beeilen. Für ein Selfie hier und dort ist sicherlich Zeit, aber wer zu lange bummelt, läuft Gefahr, die Schlucht zwischen dem Kosmos und dem Reich des ewigwährenden Nichts nicht rechtzeitig zu verlassen. Es gibt bekanntlich nichts Ärgerlicheres, als wenn bei einer Wanderung plötzlich die Zeit selbst von innen auseinandergerissen wird und die eigene Existenz in einem Abyss aus unendlichem Schwarz beendet wird. Wenige Minuten vor dem endgültigen Tod des Kosmos werden die verbliebenen Himmelskörper zerfetzt. Wenn Sie also bemerken, dass die Schwarzen Zwerge plötzlich verschwinden, sollten Sie die Füße in die Hand nehmen. 10^{-19} Sekunden vor der kosmischen Apokalypse werden dann die Atome vernichtet. Spätestens jetzt dürfen Sie sich keine Verschnaufpause mehr gönnen!

Das gilt natürlich nicht für neugierige Urlauber, die unbedingt aus erster Hand erfahren wollen, was das große Nichts eigentlich ist. Wie sieht Nichts aus? Wie fühlt sich das Nichts an? Was passiert, wenn Nichts ist? Es gibt zwar keine Überlebenden, die von dem Zeitpunkt nach dem Tode des Universums berichten können – aber die meisten Experten sind sich einig, dass es sich eher unangenehm anfühlt.

Frostexpedition in den Big Freeze

Roald Amundsen mag als erster Mensch den Südpol erreicht haben. Doch durch die neuen Möglichkeiten des Zeitreiseurlaubs ist es Weltraumtouristen nun möglich, einen noch frostigeren und noch historischen Ort zu besichtigen: den Kältetod des Kosmos, auch genannt Big Freeze.

Als Alternativszenario zum Big Rip stellt der Big Freeze ein nicht weniger beeindruckendes Ende unseres Universums dar. Demnach wird die Expansion des Universums niemals stoppen. Kein singuläres Ereignis wird das All zerstören und zu einem großen Nichts führen. Stattdessen expandiert alles immer und immer weiter voneinander weg. Reisende sollten also ihre Winterstiefel fest schnüren und sich für eine lange Exkursion durch nahezu unendliche Weiten gefasst machen. Alles ist nun nämlich so weit voneinander entfernt, dass der gesamte Weltraum immer kühler wird. Bei dieser eisigen Abenteuer-Tour kön-

ERKUNDEN SIE DEN FROSTIGEN TOD DES UNIVERSUMS UND FÜHLEN SIE SICH LEBENDIG WIE NOCH NIE ZUVOR!

nen leicht die Gelenke einfrieren, denn selbst die wenigen verbliebenen Sterne sind nun so unfassbar weit entfernt, dass keinerlei Wärme oder Licht den Kosmos mehr erhellt.

Zur Ausrüstung für eine solche Reise sollten also unbedingt mehrere Thermoskannen Grog gehören. Im mittleren Teil der frostigen Expedition werden Reisende dann feststellen, dass – ähnlich wie im Big-Rip-Szenario – alle Himmelskörper endgültig gestorben sind und selbst die Schwarzen Löcher durch die Hawking-Strahlung verschwunden sind. Nun ist das Universum ein gigantischer leerer Raum, der immer größer und größer wird. Für immer. Wanderfreunde blicken also freudig einem ewigwährenden Marsch in die dunkle Unendlichkeit entgegen. Alle anderen planen zu diesem Zeitpunkt wohl eher ihre Rückreise, da das Universum als riesiger leerer Raum nun nicht mehr viele Attraktionen zu bieten hat. Eine zeitige Rückreise kann darüber hinaus vielleicht auch überlebenswichtig sein: Einige Physiker gehen nämlich davon aus, dass der Kosmos irgendwann eine solche Ausdehnung erreicht hat, dass die Temperatur überall, an jedem Punkt des gesamten Weltraums, genau identisch ist. Das würde das Ende jeglicher thermodynamischer Prozesse bedeuten und damit im wahrsten Sinne des Wortes einen Schockfrost von Raum und Zeit. Ironischerweise ist der Fachbegriff für diesen Zustand »Wärmetod des Universums«, doch tatsächlich dürfte es viel eher ziemlich kalt, tot und langweilig werden. Planen Sie ihre Rückreise also rechtzeitig, damit Sie nicht im ewigen kosmischen Frost gefangen sind!

Nicht verpassen:

Besucher des Big Freeze sollten sich eine absolute physikalische Kuriosität keinesfalls entgehen lassen: den absoluten Nullpunkt. Die Naturgesetze begrenzen die Temperaturskala nach unten hin. Kälter als minus 273,15 Grad Celsius geht es nicht. Dieser absolute Nullpunkt ist aber eigentlich nur rein theoretischer Natur und wird derzeit nirgendwo im Universum erreicht. Wenn der Weltraum aber in einigen Billionen Jahren den Kältetod stirbt, wird sich die Temperatur um den absoluten Nullpunkt herum einpendeln. Brrrr, besser die dicken, flauschigen Socken einpacken!

14

BIG BOUNCE UND BIG CRUNCH: EINE REISE, DIE NIEMALS ENDET

Trampolinvergnügen rund um den Big Bounce

In den letzten Jahren sprießen immer mehr Trampolinhallen aus dem Boden, die ihren Besuchern Spaß beim Springen auf dem zwischen Stahlrahmen gespannten Stoff versprechen. Weltraumtouristen, die bereits die Milliarden Jahre entfernte Zukunft bereist haben, können darüber nur müde lächeln. Das größte Trampolin könnte nämlich unser Universum selbst sein!

Nach dem sogenannten Big-Bounce-Modell befindet sich das Universum in einem unendlichen Kreislauf aus Dehnung und Gegenbewegung – wie bei einem riesigen Trampolin! Touristen können den Schwung ausnutzen und die ewige Entwicklung des Universums springend mitverfolgen. Irgendwann in der fernen Zukunft könnte sich die expansionstreibende Wirkung der Dunklen Energie abschwächen und das Universum daraufhin wieder schrumpfen. Das kosmische Trampolin drückt sich nach unten durch und wird

kleiner und kleiner. Nach einigen Milliarden Jahren des Schrumpfens ist die maximale Eindellung des Raumzeittrampolins erreicht: Der Kosmos ist nun wieder eine winzig kleine Singularität, kleiner als ein Staubkorn. Sportliche Reisende, die die Trampolinbewegung des Universums ausnutzen, sollten jetzt ihren Körper anspannen und tief Luft holen. Denn die maximale Spannung des Weltraumtrampolins löst sich nun plötzlich, und die gesamte angestaute Energie wird in einem neuen Urknall freigesetzt. Machen Sie sich bereit für den heftigsten Sprung Ihres Lebens!

Der Weltraum beginnt, mit massiver Kraft erneut zu expandieren und schleudert Materie und Dunkle Energie weit hinaus, bis dann nach Milliarden und Billionen Jahren wieder der Prozess des Schrumpfens beginnt und der Kosmos sich wieder verkleinert. Philosophisch interessierte Weltraumurlauber können sich während des niemals endenden Sprungvergnügens Gedanken darüber machen, was das Big-Bounce-Modell für das Wesen des Universums bedeutet: Wie hat

die gleichmäßige Trampolinbewegung begonnen? Woher nimmt das Universum die Energie für niemals endende Kontraktionen? Wird es jemals enden? Bei so vielen existenziellen Fragen kann einem schnell der Kopf wehtun. Besser ist es also, Sie genießen einfach das Auf und Ab auf dem kosmischen Trampolin!

Das perfekte Urlaubs-Work-out: Der Big Crunch

Für die meisten ist ein Urlaub die perfekte Gelegenheit, um Stress und Verpflichtungen komplett zu entgehen und einfach mal die Seele baumeln zu lassen. Es gibt aber auch Touristen, die die reisebedingte Freizeit dazu nutzen, endlich etwas mehr Sport zu machen und in gute körperliche Verfassung zu kommen. Was für den Mittelmeerurlauber eine Joggingrunde an der Strandpromenade ist, ist für den Weltraumtouristen eine Einheit Sit-ups synchron zur Kontraktion der Raumzeit! Fitnessbegeisterte Touristen sollten also unbedingt ihre Sportklamotten einpacken und dann an einem der zahlreich angebotenen Work-out-Kurse teilnehmen, die in der fernen Zukunft des Universums angeboten werden. Praktischerweise kann man die Übungen zum

Muskelaufbau nämlich perfekt an ein mögliches Endszenario des Kosmos anpassen: den Big Crunch. Dieses Szenario ähnelt zunächst dem Big Bounce. Der Einfluss der Dunklen Energie wird irgendwann so schwach, dass die Expansion des Universums aufhört und eine Gegenbewegung startet. Der Kosmos setzt zu einem gewaltigen Sit-up an und zieht seine aus Raum und Zeit bestehenden Muskeln zusammen. Von der Sportlichkeit des Weltraums sollte man sich aber als teilnehmender Tourist nicht zu sehr anstecken lassen. Am Ende dieser Bauchübung steht nämlich leider kein Sixpack, sondern ein Muskelfaserriss. Im Gegensatz zum Big Bounce entsteht hier nämlich kein neues Universum. Der Big Crunch endet in einer Art Antiurknall – irgendwann hat das Universum sich so weit zusammengezogen, dass es als winzig kleiner Punkt einfach verschwindet und für immer tot ist.

Fleiß im Urlaub wird belohnt! Wer die kosmische Fitnesseinheit bis zum Ende durchgestanden hat, kann ein einzigartiges Objekt bestaunen: ein Schwarzes Megaloch! Sekunden vor dem Big Crunch existiert eine derart massive Strahlung, dass selbst die Atomkerne gesprengt werden und sich dann in Schwarze Löcher verwandeln. Diese Schwarzen Löcher verschmelzen miteinander und bilden schließlich ein Megaloch. In diesem König aller Schwarzen Löcher befindet sich nun die gesamte Materie des Universums. Im Moment des Big Crunchs verschluckt es sich schließlich selbst. Das Universum hat es also mit den Sit-ups so sehr übertrieben, dass es sich in einem finalen singulären Ereignis selbst auffrisst. Sportmuffel sehen hierin das bekannte und vermeintlich von Winston Churchill stammende Zitat »Sport ist Mord« bestätigt. Erst Recht im Urlaub!

GEHEIMTIPP

Wer hätte gedacht, dass man durch Sport sogar noch astrophysikalische Theorien erlernen kann? Ausgehend von der Vermutung, dass im Big Crunch am Ende ein Schwarzes Loch sich selbst und damit das gesamte Universum verschluckt, halten einige Forscher es für möglich, dass in jedem derzeit existierenden Schwarzen Loch vielleicht ein eigenes Universum schlummern könnte. Wer sich die Reise bis zum einige Billionen Jahre entfernten Big Crunch sparen möchte, könnte also auch das Experiment wagen, in ein nahes Schwarzes Loch hineinzufliegen und nachzuschauen, ob sich in dessen Zentrum ein verschlucktes Universum verbirgt.

15

DAS MULTIVERSUM: VERSCHWOMMENE URLAUBSERINNERUNGEN

Eine Reise in das Multiversum: Auf den Spuren von Magellan und Kolumbus

Reiseberichte über ein mögliches Multiversum sind absolut dubios und wurden noch von keiner offiziellen Seite für authentisch erklärt. Für besonders experimentierfreudige Touristen könnte sich eine Expedition in ein mögliches Paralleluniversum aber trotzdem lohnen. Christopher Kolumbus wusste ja schließlich auch noch nichts von der Existenz Amerikas, als er losfuhr! Und genau wie Kolumbus sich fragte, ob es eine schnelle Handelsroute nach Indien gibt, treibt einige Reisende die Frage um, ob es nicht neben unserem Weltraum noch einen weiteren Weltraum gibt. Und noch einen. Und noch einen.

Die Mehrheit der Astrophysiker geht davon aus, dass neben unserem Universum nichts ist. Der Kosmos umschließt eben einfach alles. Den Raum, in den er während seiner Wachstumsphase expandiert, erschafft er im Moment der Expansion selbst. Doch es wäre doch gelacht, wenn nicht einige Abenteuertouristen diese vorherrschende Meinung als lückenhaft entlarven könnten! Wenn es nach der allgemein anerkannten Meinung im 15. Jahrhundert ginge, wären heutzutage immerhin auch keine Strandurlaube in Florida oder Shoppingtrips nach New York möglich. Also Koffer gepackt und auf zur Grenze unseres Kosmos!

Die Anreise könnte allerdings etwas schwieriger werden als eine Expedition mit einem Holzschiff über den Atlantik. Denn um ein mögliches Paralleluniversum zu erreichen, müssen wir den Rand unseres Kosmos erreichen und uns somit schneller bewegen als das Universum selbst. Doch ist das überhaupt möglich? Genau wie die frühen Entdecker die rauen Wogen der Ozeane bezwingen mussten, müssen Reisende, die den Weltraum verlassen wollen, in gewisser Hinsicht die stürmische Brandung der Naturgesetze überwinden. Denn innerhalb des Universums ist die physikalisch Höchstgeschwindigkeit die des Lichts:

299792458 Meter pro Sekunde. Doch der Kosmos selbst dehnt sich perfiderweise mit Überlichtgeschwindigkeit aus, er hält sich also selbst nicht an seine eigenen Regeln. Einige wenige unseriös wirkende Fluganbieter offerieren nun schon Billigflüge mit Überlichtgeschwindigkeit. Leider war es nicht möglich, Erfahrungsberichte über diese Angebote ausfindig zu machen. Ob Sie ein solches Angebot in Anspruch nehmen, hängt also von Ihrer eigenen Risikobereitschaft ab. Doch hat nicht auch Ferdinand Magellan ein extremes Risiko in Kauf genommen, als er in See stach und eine Reise begann, die später als erste Weltumsegelung in die Geschichte eingehen sollte?

Möglicherweise bietet sich touristischen Pionieren der fantastische Anblick eines sogenannten Multiversums. In einem Raum, der noch viel gigantischer und unvorstellbarer als unser Kosmos ist, schweben einzelne Universen wie Seifenblasen umher. Unser Weltraum könnte nur ein Sandkorn an einem Strand voller Universen sein. Welcher kosmische Seefahrer auch immer seinen Blick erstmals auf dieses Multiversum richtet, wird nicht nur eine neue Welt entdeckt haben – sondern möglicherweise Milliarden.

Wie hoch sind Ihre Chancen, im Abenteuerurlaub jenseits des Kosmos ein solches Multiversum zu entdecken? Gar nicht mal so schlecht. Früher dachte die Menschheit, die Erde sei etwas ganz Besonderes und einmalig im Kosmos – bis sie dann herausfand, dass es vor Exoplaneten allein in unserer Galaxis nur so wimmelt. Später entdeckte man dann, dass auch unsere Milchstraße nur eine von Milliarden Sterneninseln ist. Es braucht nicht viel Entdeckergeist, um sich vorstellen zu können, dass auch unser Universum nur eines von vielen ist.

Nachdem Sie in einer ausgedehnten Reise mehrere Milliarden Universen besucht haben und zwischen den kosmischen Seifenblasen hin und her geschippert sind wie James Cook zwischen pazifischen Inseln, wird sich eine letzte große Frage stellen: Was ist hinter dem Multiversum? Machen Sie es doch einfach wie Kolumbus: Setzen Sie die Segel und finden es heraus!

Digitale Reisefreuden: Die Simulationstheorie

Eine andere Idee zum Wesen des Kosmos könnte den Urlaub sehr erleichtern: die Simulationstheorie. Demnach ist unser Weltraum gar nicht real, sondern im Prinzip nur ein sehr ausgeklügelter Computer-Code. Vielleicht ist unsere gesamte Realität nur eine Software, die auf irgendeiner höheren Ebene der Existenz abgespielt wird? Vielleicht sind wir wie Super Mario, der in einer digitalen Welt gefangen und an die Gesetzmäßigkeiten dieser Welt gebunden ist? Denn was sind die Naturgesetze unseres Kosmos anderes als festgeschriebene Regeln, die wir nicht umgehen können?

Für die Simulationstheorie gibt es keine handfesten Beweise, doch es ist nicht von der Hand zu wei-

sen, dass sie eine angenehme Erklärung für die großen kosmischen Fragen ist: Woher kommt der Weltraum? Warum sind die Naturgesetze so, wie sie sind? Es steht eben alles im Code! Was würde das für Ihren nächsten Sommerurlaub bedeuten? Vielleicht haben Sie gerade nicht genug Kleingeld für eine Reise. Vielleicht hat Ihr Chef Ihnen die Urlaubstage verwehrt. Egal! Ist doch eh alles nicht real, sondern nur eine vorgegaukelte digitale Simulation. Als reisewilliger Tourist kann man es sich genauso gut zu Hause auf der simulierten Couch gemütlich machen, die Augen schließen und sich in Gedanken auf fremde Planeten begeben – in einer simulierten Welt sind Gedanken nicht weniger real als wirklich Erlebtes. Oder Sie werfen einfach Ihren Computer an und reisen innerhalb eines PC-Spiels in die Andromedagalaxie. Eine Simulation innerhalb einer Simulation – das hat doch einen ganz besonderen Charme.

Sie könnten natürlich auch versuchen, Ihre Kenntnisse in Programmiersprachen zu verbessern und so den Code der Simulation unserer Realität zu verändern! Mit meisterhaften Java- oder Pythonkenntnissen könnten Sie den nächsten Urlaub auf Ibiza in eine Reise zum Pluto umprogrammieren, indem Sie einfach hier und da eine Codezeile entfernen. Doch Vorsicht ist geboten: Wenn der Code der Simulation zu sehr verändert wird, könnten unsere komplette Realität und der ganze Kosmos unwiederbringlich zerstört werden. Das zahlt keine Reiseversicherung!

Ob an der Simulationstheorie etwas dran ist? Obwohl einige Philosophen und Physiker dieses Szenario durchaus für realistisch halten, ist die Fachwelt insgesamt skeptisch. Für alle Daheimgebliebenen mit Fernweh, die sich gern digital in die Ferne träumen wollen, ist sie aber jedenfalls ein angenehmes Trostpflaster.

GEHEIMTIPP

Eine Abwandlung der Simulationstheorie ist die sogenannte Planetarium-Hypothese. Demnach sind unsere Existenz und unser Sonnensystem tatsächlich real. Nur der Rest des Kosmos, den wir vermeintlich von der Erde aus sehen, ist simuliert. Eine überlegene außerirdische Spezies könnte unser Sonnensystem in eine gigantische Kuppel gepackt haben, und wir bestaunen von innen den vermeintlichen Sternenhimmel, der eigentlich nur eine Projektion innerhalb dieser Kuppel ist – wie ein riesiges Planetarium. Wer sich für Theorien des simulierten Universums interessiert, kann bei seiner nächsten Reise ins äußere Sonnensystem nachschauen, ob er den Rand der Kuppel findet!

PRAKTISCHE
INFORMATIONEN

Welche Aktivitäten im Weltraum eignen sich für Kinder? Was für Vokabeln sind un-erlässlich, damit die galaktische Kommunikation gelingt? Welche Andenken von fremden Exoplaneten können Sie bedenkenlos mit auf die Erde bringen? Damit Ihr kosmischer Urlaub gelingt, erhalten Sie im folgenden Kapitel Informationen, die sich zwischen all den Sternen und Planeten als nützlich erweisen könnten. Denn obwohl der Weltraum ein sehr touristenfreundlicher Ort ist, kann man ohne eine gute Vor-bereitung schnell mal das All vor lauter Sternen nicht mehr sehen.

DIE OPTIMALE VORBEREITUNG AUF IHREN WELTRAUMURLAUB

Damit ein Urlaub in den Weiten des Alls zum vollen Erfolg wird, gilt es, einige Dinge vorzubereiten. Denn eine Reise zu fremden Planeten und Sternen hat so ihre Eigenheiten im Vergleich zum Wochenendausflug an die Nordsee. Mit diesen einfachen Maßnahmen sind Sie optimal vorbereitet:

Regelmäßig staubsaugen

Als die Apollo-11-Astronauten Buzz Aldrin und Neil Armstrong nach ihrem Spaziergang auf dem Mond in die Landefähre zurückkehrten, mussten sie erst mal mit einem kleinen Staubsauger den lästigen Mondstaub entfernen. Außerirdischer Staub, sogenannter Regolith, wird für Weltraumtouristen auf vielen Planeten zur Plage. Üben Sie daher schon vor der Abreise fleißig den Wohnungsputz mit dem Staubsauger. Die erlernten Fähigkeiten werden Ihnen helfen, in Ihrem Urlaub auf dem Mond, dem Mars oder fernen Exoplaneten nicht einzustauben!

Achterbahn fahren

Für viele ist sie der Hauptgrund, einen Urlaub im Weltraum zu verbringen: die Schwerelosigkeit! Wenn man sich nicht gerade in der Nähe eines Himmelskörpers befindet, kann man im fast vollständigen Vakuum des Alls wunderbar umherschweben. Am Anfang mag dies sehr spaßig sein, auf Dauer ist geringe Schwerkraft allerdings schädlich für die Muskeln und Knochen, da diese an die Gravitation unserer Erde gewöhnt sind. Um bereits vor Reisebeginn mit dem Gefühl der Schwerelosigkeit vertraut zu werden, eignen sich Achterbahnfahrten! Hierbei können derart hohe Geschwindigkeiten entstehen, dass die Gravitationskraft der Erde kurzzeitig ausgeglichen wird und der Fahrgast sich für wenige Sekunden schwerelos fühlt.

Mal ganz still sein

Auf der Erde ist es ganz schön laut. Plärrende Radios, brummende Autos und einige Milliarden Menschen, die meistens nicht gerade zu Entspannung und Stille neigen. Was für eine willkommene Abwechslung ist da die absolute Stille des Weltraums! Da das All abgesehen vom dünnen intergalaktischen und -stellaren Medium gänzlich leer ist, können sich Geräusche nicht wie auf der Erde auf Schallwellen durch die Luft ausbreiten. Selbst wenn Sie auf Ihrer Reise explodierende Sterne oder kollidierende Asteroiden beobachten, dürfte das ganze Spektakel also sehr leise sein. Um sich vorher schon an die kosmische Stille zu gewöhnen, kann es helfen, einige Tage lang einfach mal nichts zu sagen und ganz still zu sein.

In die Sauna gehen

In einem bekannten Popsong heißt es »You're hot then you're cold« – eine perfekte Zusammenfassung der Zustände im Weltraum. Touristen stoßen in den Weiten des Alls nämlich auf erhebliche Temperaturunterschiede. Im leeren Raum, weit entfernt von Planeten und Sternen, kann es bis zu minus 270 Grad kalt werden. Diese extreme Kälte liegt nur 3 Grad über dem absoluten physikalischen Nullpunkt! Aufwärmen kann man sich dann an heißen Sonnen – Rekordhalter ist ein Weißer Zwerg im sogenannten Red-Spider-Nebel, der eine Oberflächentemperatur von 300 000 Grad besitzt. Um sich auf diesen gewöhnungsbedürftigen Wechsel zwischen heiß und kalt vorzubereiten, bietet sich eine alte finnische Tradition an: ordentlich in einer Sauna schwitzen und sich danach mit eiskaltem Wasser übergießen!

DIE GALAKTISCHSTEN ANDENKEN AUS DEM WELTRAUM

Der Kosmos ist voll mit galaktischen Andenken, mit denen man die Erinnerung an einen schönen Weltraumurlaub noch lange Zeit wach halten kann. Und auch Ihre Schwiegermutter freut sich sicherlich über ein Mitbringsel aus fernen Galaxien! Das hier sind unsere Top 5 der beliebtesten Urlaubsandenken aus dem All:

01 Roter Sand vom Mars

Wer unseren roten Nachbarplaneten besucht, sollte unbedingt ein wenig des rostigen Bodens mit zur Erde bringen. Marsboden ist aufgrund seiner roten Farbe nicht nur sehr schön, sondern erfreut auch wunderbar die Hobbygärtner! Angereichert mit ein wenig Dünger eignet er sich beispielsweise perfekt für die Kartoffelzucht, wie in einem bekannten Hollywood-Film eindrucksvoll gezeigt wurde. Mehr Reisetipps zum Mars ab Seite 29!

02 Die Singularität eines Schwarzen Lochs

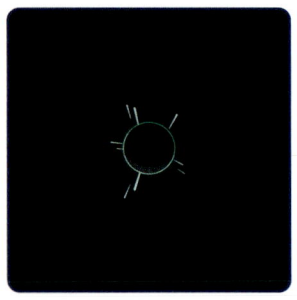

Was könnte besser an eine Rundreise durch die Milchstraße erinnern, als das winzige Innere eines Schwarzen Lochs? Viele irdische Perlentaucher haben bereits die warmen Gewässer der Südsee gegen die gravitativen Untiefen Schwarzer Löcher getauscht, um die Singularität aus ihrem Zentrum zu stehlen. Der superschwere verdichtete Punkt eignet sich zu Hause übrigens wunderbar als Müllschlucker! Mehr Informationen zum sicheren Urlaub im Schwarzen Loch gibt es ab Seite 61!

03 Eine Portion intergalaktisches Medium

Für viele intergalaktische Urlauber eine überraschende Erkenntnis: Der Raum zwischen den Galaxien ist keineswegs leer, sondern erfüllt vom superdünnen und staubigen intergalaktischen Medium. Reisende, die ein Raumschiff in eine fremde Galaxie nehmen (-> ab Seite 66), können mit einem beherzten Griff aus dem Fenster ihrer Kabine eine Portion intergalaktisches Medium einfangen. Neider werden sagen, es handle sich hierbei um ganz gewöhnlichen Hausstaub. Aber was wissen die schon?

04 Die ersten Photonen des Universums

Eine Reise zum Urknall (-> ab Seite 86) ist ein unglaubliches Erlebnis. Es wäre doch schade, wenn die Erinnerung an diese Reise durch Raum und Zeit irgendwann verblassen würde. Schnappen Sie sich einige der allerersten Lichtteilchen (Photonen) des Universums, und lassen Sie sich diese zu Hause immer wieder ins Gesicht scheinen, um sich an den erhellenden Moment des ersten Lichts im Kosmos zu erinnern.

05 Ein Stück Nichts

Nur wenige abenteuerlustige Reisende wagen eine Reise zum Tode des Universums (-> ab Seite 106). Was könnte besser an diese Tour erinnern als ein großes Stück Nichts? Urlauber, die den richtigen Moment abpassen, können nach dem Tod des Universums einfach eine Portion des dann herrschenden ewigen Nichts einpacken. Aber Vorsicht: Der Zoll ist nicht zimperlich, wenn man Nichts mit sich führt.

DIE NÜTZLICHSTEN VOKABELN FÜR EINE REISE DURCH DEN KOSMOS

Jeder, der mal ein Wochenende in den Niederlanden verbracht hat, weiß: Die Kommunikation in fremden Ländern kann schwierig sein. Im Universum können diese Verständigungsprobleme teilweise galaktische Ausmaße annehmen. Hier habe ich daher für Sie die Top 10 der wichtigsten kosmischen Vokabeln aufgelistet, damit Sie sich wie ein Einheimischer unterhalten können!

01 Protuberanz

Eine Protuberanz ist ein heftiger Materieausbruch auf der Sonne, der sich über 100 000 Kilometer erstrecken kann. Sonnen Sie sich in ihren Vokabelkenntnissen, während Sie Ihren Mitreisenden erklären, was sich auf der Sonnenoberfläche abspielt.

02 Antizyklon

Ein anderes Wort für Hochdruckgebiet ist Antizyklon. Das größte Hochdruckgebiet des Sonnensystems ist der Große Rote Fleck auf dem Jupiter. Studien haben ergeben, dass man ungefähr 3,2-mal schlauer wirkt, wenn man statt »Hochdruckgebiet« den Begriff »Antizyklon« verwendet.

03 TNO

»Haben Sie schon die TNO besichtigt?« – peinlich, wenn man hierauf nicht antworten kann, weil man nicht weiß, was gemeint ist! »TNO« steht für »transneptunische Objekte« und bezeichnet alle Zwergplaneten, Asteroiden und Kometen, die sich in den äußeren Winkeln des Sonnensystems hinter dem Neptun verbergen.

04 Lokale Blase

Zu jeder Fahrt in den Urlaub gehört ein vom Kindersitz gerufenes »Mamaaa, ich muss mal!«. Beifahrer mit schwacher Blase werden öfter mal austreten müssen bei einer Fahrt in die Lokale Blase. Diese erstreckt sich nämlich über 300 Lichtjahre und bezeichnet die direkte interstellare Umgebung unserer Sonne in der Milchstraße.

05 Galaktisches Jahr

Wie viele Urlaubstage hat ein galaktisches Jahr? Jede Menge, denn mit dieser Einheit bezeichnet man den Umlauf unseres Sonnensystems um das Zentrum der Milchstraße, in dem sich ein supermassives Schwarzes Loch verbirgt. Für eine Umrundung benötigt unser Sonnensystem schlappe 225 Millionen Erdenjahre.

06 Quasar

Rote Riesen, Weiße Zwerge und Schwarze Löcher kennt mittlerweile jeder. Wer bei einem Galaxienurlaub richtig Eindruck schinden möchte, erklärt seinen Mitreisenden Quasare. Der Begriff ist ein Kunstwort aus dem Englischen »quasi-stellar radio source« und bezeichnet ein Schwarzes Loch, das derart viel Masse um sich herum angesammelt hat, dass heftige Energieausbrüche entstehen, die noch aus weiter Ferne wahrnehmbar sind.

07 Laniakeia

Laniakeia klingt wie der angesagteste Partyort auf Hawaii – ist aber in Wahrheit die großräumigste Galaxienstruktur, die Astronomen bislang nachweisen konnten. Eine andere weniger schöne Bezeichnung ist Groß-Supergalaxienhaufen. Laniakeia besteht aus 100 000 Galaxien, erstreckt sich über 520 Millionen Lichtjahre und enthält unter anderem unsere Milchstraße.

08 Uratom

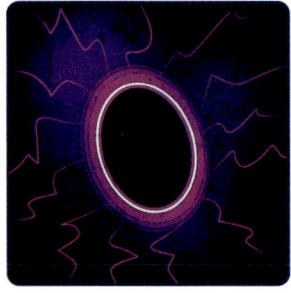

Wenn Sie den Anfang des Universums bereisen und ein Guide das Wort »Urknall« gebraucht, können Sie ihn gleich verbessern: Der Entdecker des punktförmigen Anfangs des Universums, der katholische Priester Georges Lemaître, verwendete nämlich den Begriff »Uratom«. Die Fachwelt, die damals noch an ein statisches, nichtexpandierendes Universum glaubte, wollte ihn mit dem Begriff »Urknall« lediglich lächerlich machen.

09 Baryonische Materie

Jeder Weltraumtourist ist im Prinzip nur ein Klumpen baryonische Materie! Dieser Begriff leitet sich vom altgriechischen Wort barýs (»schwer«) ab und bezeichnet die uns vertraute Materie, aus der unsere Welt und wir selbst bestehen. Man verwendet den Begriff in Abgrenzung zu noch rätselhaften Materieformen wie der Dunklen Materie und der Dunklen Energie.

10 Einstein-Rosen-Brücke

Wer einen Wochenendausflug beim Urknall oder beim Ende des Universums verbringen möchte, muss unweigerlich durch ein Wurmloch reisen, um die Vergangenheit oder Zukunft zu erreichen. Gibt es noch eine professionellere Bezeichnung für Wurmloch? Aber ja: Eine Verbindung von zwei Punkten in der Raumzeit nennt man auch Einstein-Rosen-Brücke – benannt nach den berühmten Physikern Albert Einstein und Nathan Rosen.

DEN WELTRAUM MIT KINDERN BEREISEN

Der Weltraum ist ein Spaß für die ganze Familie! Die meisten Urlaubsorte in den Weiten des Alls sind außerordentlich kinderfreundlich und eignen sich daher perfekt für einen entspannten Urlaub mit den Kleinen – außer vielleicht gefährliche Schwarze Löcher, explodierende Rote Riesen oder radioaktive Exoplaneten. Es gibt allerdings einige Orte, die für eine Reise mit Kindern besonders gut geeignet sind und daher hier vorgestellt werden:

01 Der Pizzamond Io

Kinder lieben Pizza! Und jeder andere vernünftige Mensch natürlich auch. Besonders spaßig für kleine Urlauber ist daher eine Reise zum Jupitermond Io, der aus dem Weltraum tatsächlich aussieht wie eine leckere mit Käse überbackene Pizza. Diese schmackhafte Optik stammt von Ios ausgedehntem Vulkansystem, das die Oberfläche des Mondes im Laufe der Zeit permanent mit Schwefel und Lava bedeckt hat. Genießen Sie auf dem viertgrößten Mond des Sonnensystems eine leckere Pizza, während Sie sich die Nase zuhalten, damit der penetrante Schwefelgeruch Ihnen nicht den Appetit verdirbt!

02 Der Pac-Man-Nebel

Es kann schwierig sein, Kinder im Urlaub bei Laune zu halten. Gerade beim Besuch eines Museums oder einer anderen kulturellen Einrichtung ist die Aufmerksamkeitsspanne meist kurz. Es bietet sich daher an, Urlaubsaktivitäten mit Videospielen zu verbinden! Welcher Ort würde sich dafür besser anbieten als eine Gaswolke mit dem Namen Pac-Man-Nebel? Dieser Überrest eines gestorbenen Sterns befindet sich in 9500 Lichtjahren Entfernung zur Erde und ähnelt durch die Anordnung seiner gasigen Schichten der berühmten Videospielfigur. Hier wird es Ihnen sicherlich gelingen, einen schönen Ausflug mit den Kleinen zu verbringen und ihnen gleichzeitig etwas über planetarische Nebel beizubringen.

03 Die Pinguingalaxie

Ein Zoobesuch bietet Freude für die ganze Familie! Im Weltraum mangelt es bislang leider an definitiven Nachweisen für außerirdische Tierspezies, doch einige Objekte bieten durch ihre Form dennoch tierisches Vergnügen. Für große und kleine Tierfreunde bietet sich besonders ein Besuch der Pinguingalaxie an, die 326 Millionen Lichtjahre von der Erde entfernt ist. Die Galaxie erhielt ihre pinguinartige Form, da sie gerade mit einer kleineren Galaxie verschmilzt und daher nach und nach auseinandergerissen wird. Passenderweise sieht diese kleinere Galaxie NGC 2937 aus wie ein Ei! Ein Urlaub im Pinguin-und-Ei-Galaxienpaar ist garantiert spaßiger als jeder Zoobesuch, versprochen!

04 Versteckspiel im Dunklen Zeitalter

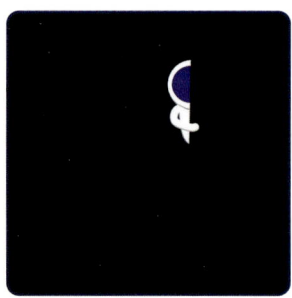

Eine Reise zum Urknall kann für jüngere Touristen schwere Kost sein. Immerhin liegen komplizierte astrophysikalische Vorgänge wie der Urknall selbst, die Entstehung Dunkler Materie und die Planck-Zeit naturgemäß im Fokus eines solchen Urlaubs. Ein bisschen kindgerechte Ablenkung bietet hier die Dunkle Zeit. In dieser Zeitspanne nach dem Urknall existierten noch keine Sterne, die Licht hätten produzieren können. Die absolute Dunkelheit des frühen Kosmos bietet sich also perfekt für ein Versteckspiel an! 1, 2, 3, 4 Eckstein, alles muss versteckt sein! Sagen Sie Ihren Kindern aber unbedingt, dass Sie sich nicht zu weit entfernen sollen – der Kosmos war auch damals schon aus menschlicher Sicht sehr groß, und ohne jegliche Lichtquelle kann das Suchen ansonsten überaus lange dauern!

05 Einen Milchshake beim Big Slurp schlürfen

Eine eher unbekanntere Theorie zum Ende des Universums ist der Big Slurp (»das große Schlürfen«). Demnach ist der Kosmos instabil und könnte sich (auch jetzt schon!) in ein absolutes Vakuum verwandeln. In diesem Fall würde er augenblicklich verschwinden und ins große Nichts weggeschlürft werden. Keine schöne Vorstellung, aber vielleicht eine spannende Gruselgeschichte für die Kleinen, während sie gespannt einen leckeren Milchshake schlürfen!

VERKEHRSMITTEL UND -WEGE

Raumschiffe

Das klassische Fortbewegungsmittel für Weltraumreisen ist das Raumschiff. Mit diesen extra für die Bedingungen des Weltraums gestalteten Fahrzeugen ist das Zurücklegen von kleineren Distanzen wie etwa innerhalb unseres Sonnensystems problemlos möglich. Oft verwechselt werden Raumschiffe mit Raketen. Raketen sind allerdings nur die Vorrichtung, die mit kraftvollem Rückstoß die Raumschiffe in den Weltraum befördern. Raketen selbst verglühen danach in der Atmosphäre des Planeten – neuere Modelle können sogar wieder landen und weitere Raumschiffe in den Orbit befördern.

Wurmlöcher

Bei großen Distanzen im Weltraum hilft auch das schnellste Raumschiff nicht mehr. Die Distanzen zwischen Galaxien betragen mindestens einige Millionen Lichtjahre und wären daher selbst mit Lichtgeschwindigkeit nicht in urlaubsgerechter Zeit zurückzulegen. Wurmlöcher sind eine elegante Lösung für dieses Anreiseproblem, da sie den Raum und die Zeit krümmen, und daher eine Abkürzung darstellen – wie das Loch in einem Apfel, das es dem Wurm ermöglicht, den direkten Weg durch den Apfel zu nehmen, statt außen herum zu kriechen!

Rover und Sonden

Von Menschen gebaute Roboter sind in unserem Sonnensystem eine Möglichkeit, schneller von A nach B zu kommen. Auf dem Mars befinden sich mehrere aktive Rover, von denen Touristen mit strapazierten Füßen sich einige Meter mitschleifen lassen können. Dies ist allerdings eine eher gemächliche Reisemethode, der Rover Perseverance etwa legt pro Stunde nur 152 Meter zurück. Raumsonden sind da schon etwas schneller. Wer sich beispielsweise an die Sonde Voyager 2 hängt, kann mit 48 000 Kilometern pro Stunde die äußeren Winkel des Sonnensystems erkunden.

Swing-by-Manöver

Reisende, die es eilig haben, können sich überall im Kosmos die Wirkung der Schwerkraft zunutze machen. Im Rahmen eines sogenannten Swing-by-Manövers nutzt man die Schwerkraft eines Himmelskörpers, um Schwung zu holen. Je schwerer der Himmelskörper, desto effektiver das Swing-by-Manöver. Reisen zum Pluto etwa lassen sich massiv durch das Schwungholen bei den Gasplaneten verkürzen. Eine Tour zur anderen Seite der Milchstraße gelingt mit einem Swing-by-Manöver am supermassiven Schwarzen Loch im Zentrum der Galaxis.

Teleportation

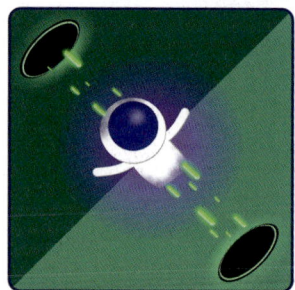

Teleportationstouren sollten gemieden werden. Diese Technik kann im Einklang mit den Regeln der Physik nur so funktionieren: Ein Körper wird in Atome zerlegt, diese werden mit Lichtgeschwindigkeit an einen anderen Ort geschossen und dort wieder zusammengesetzt. In Anbetracht der Tatsache, dass Teleportation nicht schneller als Licht ist und sich daher für die kosmischen Distanzen nicht gut eignet, sollten Touristen nicht riskieren, sich in Atome zerlegen zu lassen und dann falsch wieder zusammengesetzt zu werden.

DIE REISE ENDET: RÜCKKEHR AUF DIE ERDE

Was für eine Reise! Wer den Mut und die Neugierde aufbringt, seinen Urlaub im Weltraum zu verbringen, kehrt mit einer Anzahl von neuen Eindrücken und Erkenntnissen zurück, die mindestens der Zahl aller Sterne unserer Galaxis entspricht. Welche Erinnerungen bleiben von einem solchen Urlaub zurück? Jupiters Monde, auf denen außerirdisches Wasser aus Vulkanen in die Höhe schießt. Der Anblick eines heißen Weißen Zwergs, der aus reinem Diamant besteht. Explodierende Rote Riesen, deren Supernova heller als eine ganze Galaxie erscheint. Der Urknall und der mystische Beginn des Kosmos selbst. Und schließlich die Erkenntnis, dass selbst unser Universum irgendwann ein Ende finden wird. Oder etwa doch nicht?

Niemand, der von einer solchen Reise zurückkehrt, ist danach derselbe Mensch wie zuvor. Zu beeindruckend sind die bestaunten physikalischen Vorgänge, zu exotisch die besuchten Exoplaneten und zu unglaublich gigantisch die Ausmaße des Universums selbst. Es wird berichtet, dass einige Touristen nach ihrer Rückkehr auf die Erde in eine Art Post-Urlaubs-Depression verfallen, weil alle irdischen Vorgänge und Probleme nun einfach zu klein und unwichtig erscheinen. Wie soll man sich für den nächsten Arbeitstag im Büro aufraffen, wenn man letzte Woche noch gesehen hat, wie zwei Galaxien miteinander verschmelzen und Milliarden Welten einfach vernichtet werden? So eine Rückkehr in das normale Leben auf der Erde kann schwierig sein. Genauso gut kann man die neu gewonnene Erweiterung des eigenen Horizonts aber auch in ein positives Gefühl umwandeln! Warum beispielsweise über Stau im Berufsverkehr aufregen? Weshalb den Partner wegen irgendeiner Nichtigkeit anzicken? All das sind doch Probleme, über die man einfach hinweglächeln kann, wenn man sie im kosmischen Maßstab betrachtet. Und auch unsere Erde kann man als Weltraumtourist in einem ganz neuen Licht betrachten: Denn obwohl das Weltall gigantisch groß ist und Billionen von aufregenden Himmelskörpern zu bieten hat, zeigt eine Reise durch die Weiten des Kosmos doch, dass unsere Erde etwas ganz Besonderes ist. Eine Oase des Lebens, die in dieser Form zumindest nicht in jedem Sternsystem vorkommt. Und einen Planeten, der so gut an die Bedürfnisse von uns Menschen angepasst ist, gibt es da draußen sicherlich kein zweites Mal.

Betrachten Sie also die Rückkehr zur Erde als freudigen Bestandteil Ihrer Reise durch den Weltraum! Unser Planet ist letztlich auch ein Teil des Weltraums und unser Raumschiff, mit dem wir tagtäglich durch die große Leere rasen. Wir alle sind Weltraumtouristen und Passagiere des Raumschiffs Erde. Während Sie also zurück im heimischen Wohnzimmer schon die nächste Tour durch Raum und Zeit planen, können Sie an folgendes Zitat des bekannten Science-Fiction-Autors Jules Verne denken:

»Wenn ein Mensch zu anderen Himmelskörpern fliegt und dort feststellt, wie schön es doch auf unserer Erde ist, hat die Weltraumfahrt einen ihrer wichtigsten Zwecke erfüllt.«

ÜBER DEN AUTOR

TIM JULIAN RUSTER wurde 1991 in Köln geboren und entdeckte schon während seiner Schulzeit die Liebe zum Weltraum. Als Schüler begann er, ehrenamtlich im Planetarium Köln als Museumsführer zu arbeiten, wo er bis heute den Besuchern die Weiten des Kosmos und den Sternenhimmel erklärt. Während seines Jurastudiums an der Universität Köln spezialisierte er sich auf den Bereich des Weltraumrechts. Im Jahre 2015 gründete er den Youtube-Kanal Astro-Comics TV, auf dem er mehrmals wöchentlich Videos zu wissenschaftlichen und vor allem astronomischen Themen veröffentlicht. Der Kanal erfreut sich großer Beliebtheit und brachte bereits für mehrere Millionen Zuschauer etwas Licht in das Dunkel des Alls. 2017 erschien Rusters erstes Buch »Astro-Comics erklärt das Sonnensystem«, das mit astronomischen Cartoons vor allem jüngeren Lesern den Weltraum erklärt.